一部低调做人高调做事的人生羊皮卷

高点定位
低点起步

何莉/编著

中国华侨出版社

图书在版编目（CIP）数据

高点定位 低点起步/何莉编著.—北京：中国华侨出版社，2009.12
　ISBN 978－7－5113－0158－1

Ⅰ.①高… Ⅱ.①何… Ⅲ.①成功心理学—通俗读物 Ⅳ.①B848.4－49

中国版本图书馆 CIP 数据核字（2009）第 216086 号

● 高点定位 低点起步

| 编　　著/何　莉 |
| 责任编辑/文　喆 |
| 责任校对/李瑞琴 |
| 经　　销/新华书店 |
| 开　　本/710×1000 毫米　1/16　印张 15　字数 240 千字 |
| 印　　数/5001-10000 |
| 印　　刷/北京一鑫印务有限责任公司 |
| 版　　次/2013 年 5 月第 2 版　2018 年 3 月第 2 次印刷 |
| 书　　号/ISBN 978－7－5113－0158－1 |
| 定　　价/29.80 元 |

中国华侨出版社　北京市朝阳区静安里 26 号通成达大厦 3 层　邮编 100028
法律顾问：陈鹰律师事务所
编辑部：（010）64443056　　64443979
发行部：（010）64443051　　传真：64439708
网　址：www.oveaschin.com
e-mail：oveaschin@sina.com

前 言

滚滚红尘，芸芸众生，人与人之间的成就却有天壤之别：有的人谈笑之间功成名就，事业顺风顺水；有的人则始终在原地打转，人生的各个方面都难有突破。这其中有一个主要原因就在于他是否能高点定位、低点起步，也就是说是否有适合自己的高远志向，同时又不眼高手低，能认真做好小事、细事，认真努力地打开成功通道。

定位，通俗地讲就是寻找一个适合的位置。一个人要想不活得稀里糊涂、浑浑噩噩，就要学会先给自己定好位——能做什么、想做什么、怎样去做。人不能总是走到哪儿算哪儿，懂得定位，就可以学会以理性的态度追求更好的生存状态，这样，才能把命运的主动权握在自己手中。

高点定位就是要对自己有充分的了解，策划最适合自己的前景，做最好的自己。人，只有胸怀大志，才会有强烈追求自我价值的愿望。只有有眼界、有视野，才能站得高、看得远，才可以更好地把握我们未来的发展方向。

不过，高点定位不代表一心一意只追求那些工资高、福利高的岗位，或一定要做个百万富翁、亿万富豪，而是在自己最愿意干、最想干的事业上能攀升到自己力所能及的最高处，绝不是妄自尊大，不顾事实，盲目给自己定根本不切实际的目标。

1

同时，我们还应该从低起步，从小处着手，也就是脚踏实地的从基层锻炼，认真做好自己的每份工作，一步一个脚印，这样位置才更稳，以后也才会有更好的发展。

　　当然，低点起步关注的是对未来发展有益的小处，所谓合抱之木，生于毫末，注意的是事态发展的细微起源，而不是鸡毛蒜皮、无关紧要的小事。更不是没有大眼光，只顾低头寻找路人掉的硬币却不知道自己的路在何处。

　　高点定位与低点起步是和谐统一的，低点起步为高点定位者打下坚实的基础，只有打好根基，才能做到高屋建瓴，有的放矢；而高点定位则为低点起步者确立方向，树立路标，让我们保有进取意志，谨守目标，永远攀登，而不是沉沦于无穷无尽的家长里短之中、流于平凡。

　　做人就应该坚持高点定位、低点起步，既善于站得高看得远，总体上把握事物发展的趋势，又善于钻研具体的工作方法，掌握行之有效的工作技巧，从而使自己"一遇风云便化龙"。

目 录

上篇　高点定位——目标高，方能攀得高

　　人这一生中，要想不虚此行，有所建树，在走上社会之时，首要一条就是得有一种锐气，敢于给自己高点定位。人，只有有胸怀大志，才会强烈追求自我价值的实现。只有有眼界、有视野，才能站得高、看得远，才可以更好地把握我们未来的发展方向。但要做到高点定位，首先就要对自己有充分的了解，策划最适合自己的前景，做最好的自己。而不是妄自尊大，不顾事实，盲目给自己定根本不切实际的目标。

第一章　高点定位，找准你的最佳位置 …………………… 2

　　定位是成功人生的第一因素 / 2
　　高点定位，才能找到好位置 / 4
　　要勇于给自己高点定位 / 6
　　定位自己，首先要了解自己 / 8
　　学会对自己负责 / 10
　　努力让自己完美起来 / 12

挑战规则，突破自我 / 14
过去不等于未来 / 17
让人生大放光彩 / 19
成功首先是自我满意 / 21

第二章　定位越高，成就越大 …………………………… 24

确立明确目标是高点定位的起点 / 24
错误的目标葬送人生 / 26
搞清楚自己这辈子想要一个什么样的舞台 / 29
定位越高，成功的可能性越大 / 32
不能有所成就，是因为你的灵魂"跪着" / 33
永远都要坐第一排 / 36
人穷志不可短 / 39
用梦想提升人生的境界 / 41
不懈攀登的生活更有意义 / 45

第三章　定位高远，才能立于不败之地 …………………… 48

要么进取，要么出局 / 48
超越一秒钟前的自己 / 51
动了你的奶酪，那就继续寻找 / 53
只有进取才能帮你由弱转强 / 55
进取与成功有约 / 57
别让"满意"、"安分"束缚住自己 / 59
莫在过去的辉煌里长睡不醒 / 63
列出你的生命清单 / 66

选择比努力更重要 / 68
机遇总是垂青那些有准备的人 / 70

第四章　高点定位在于追求卓越，永远向前 ……………… 74

成功之前追求平淡是无能的托辞 / 74
脱离平凡，不甘平庸 / 77
有什么样的想法，有什么样的命运 / 79
打开思路，人生迥然不同 / 80
积极的心态是成功的隐形护身符 / 82
淡泊中的执著具有强大的力量 / 84
有一种可以引爆的东西叫"潜能" / 87
希望是完成超越的持续动力 / 89

第五章　定位是起点，坚持是终点 ……………………… 93

坚持通向胜利 / 93
不为舆论吓倒 / 97
不要在意别人的看法 / 100
永远坚持自己，激发你的潜能 / 102
不要总是自惭形秽 / 103
你也拥有潜藏的财富 / 106
满怀必胜的信念 / 108
跌倒了，就再爬起来 / 110

下篇　低点起步——走得稳，方能行得远

　　成功需要高点定位，但有了远大目标之后，却不能眼高手低，导致小事不愿做，大事做不了，结果心比天高，命比纸薄。反而更应该从低起步，从小处着手，也就是脚踏实地的从基层锻炼，认真做好自己每份工作，一步一个脚印，这样位置才更稳，以后也才会有更好的发展。

第六章　低层锻炼，为成功筑就坚实基础 …………… 114

　　伟大都是从平凡开始的 / 114
　　地位低下时正好选择崛起 / 117
　　打好上天发给你的破牌 / 118
　　从最基层开始，一步步接近成功之巅 / 121
　　放低自己，轻装上阵 / 123
　　想要出人头地，就要能够"包羞忍辱" / 125
　　江海放低自己，才容纳百川 / 127
　　勇于从低处做起 / 129
　　低处调节自己，提前适应恶劣环境 / 131
　　拥有自强、执著精神的人才能做到低点起步 / 132

第七章　细微之处见精神，小事大有可为 …………… 135

　　莫以事小而不为 / 135
　　做好小事才能有做大事的资本 / 138
　　千里之行，始于足下 / 140

从细节处用心做别人做不到的事 / 143
岗位微不足道也不能轻视 / 145
工作之中无小事 / 148
马虎轻率误大事 / 151
小问题会导致大纰漏 / 153
耍"小聪明"会让自己吃亏 / 156
小生意里也有大财富 / 159

第八章 脚踏实地，步步为赢 …………………… 162

一步一个脚印就是走出底层的捷径 / 162
切勿好大喜功，分段实现目标 / 165
不要犯眼高手低的毛病 / 167
从做自己力所能及的事开始 / 170
饭要一口一口地吃，事要一步一步地做 / 171
成功无捷径，别总想着投机取巧 / 175
赶走浮躁，认真做好每件事 / 176
步步为营步步赢 / 179
脚踏实地，才能避免漂浮 / 181
走好脚下每步路 / 183

第九章 积极主动完成任务助你从低处脱颖而出 ………… 186

做事力求尽善尽美 / 186
实现个人价值的最佳体现 / 189
一次只做一件事 / 191
主动且出色地去完成工作 / 194

多做一点就能在竞争中胜出 / 196
举手之劳却有大收获 / 200
乐于接受额外的任务 / 203
工作中要有"罗文精神" / 205
守则敬业是成功的基本条件 / 207
人生价值就在于对平凡工作的尽职尽责当中 / 209

第十章　姿态放低，拥有好人缘 ………………… 212

想走到高处，先学会低头 / 212
低调为高标的起点 / 214
将对方的位置摆得比自己高一点 / 216
不要抢了别人的风头 / 218
稻穗越成熟，头垂得越低 / 220
骨气不能无，傲气不能有 / 222
放下身份，路会越走越宽 / 224
分一半掌声给别人 / 226
让别人也有骄傲的机会 / 227

上篇 高点定位
目标高，方能攀得高

人这一生中，要想不虚此行，有所建树，在走上社会之时，首要一条就是得有一种锐气，敢于给自己高点定位。人，只有有胸怀大志，才会强烈追求自我价值的实现。只有有眼界、有视野，才能站得高、看得远，才可以更好地把握我们未来的发展方向。但要做到高点定位，首先就要对自己有充分的了解，策划最适合自己的前景，做最好的自己。而不是妄自尊大，不顾事实，盲目给自己定根本不切实际的目标。

第一章 高点定位，找准你的最佳位置

> 了解自己是人生的第一课！了解自己，才能知道自己有什么天赋，知道什么是自己一生的追求，然后才能准确定位，找到自己的最佳位置。选择最适合自己的行业，你会从中收获的喜悦、幸福。拥有"做最好的自己"的想法，拥有积极乐观的态度，你会成功，你会快乐。可以说，决定一个人层次、境界、气质、地位的高低，全在于你如何定位自己。

定位是成功人生的第一因素

定位，通俗地讲就是寻找一个适合的位置。一个人要想不活得稀里糊涂、浑浑噩噩，就要学会先给自己定好位——能做什么、想做什么、怎样去做。人不能总是走到哪儿算哪儿，懂得定位，就可以学会以理性的态度追求更好的生存状态，这样，才能把命运的主动权握在自己手中，可以说定位是成功人生的第一因素。

大千世界，人与人之间差别很小，成就却有天壤之别：有的人谈笑之间功成名就，事业顺风顺水；有的人则始终在原地打转，人生的各个方面都难有突破。这其中的重要原因就在于是否规划好自己的人生。

曾为好莱坞影视明星的施瓦辛格在童年时便梦想进入美国政界有所作为，但这又谈何容易啊！简直可以称为天方夜谭！但俗话说："世上无难事，只怕有心人。"他综合分析自己的优缺点后，对自己的梦想作了一番计划，要在政界出人头地，就必须取得美国金融财团和知名政客的支持，这就需要与一位在金融和政治方面都颇有造诣的家族联姻；但想要与这样的家族联姻，就必须着力推销自己，让自己在报纸和新闻界展露头角；要出名，影视界是捷径；不过想要在影视界闯出名头，就要有出类拔萃的演技和吸引观众的艺术特色。于是施瓦辛格决定首先辛勤苦练健身操，练就了一身强壮的肌肉和魁梧的身材，然后凭此进入好莱坞。果然，他不负所望，一进入影界，便一炮打响，取得了观众的认可，名声风靡全球，无人不晓。同时，他还在人生的进程中迈出了关键的一步——与前美国总统肯尼迪的侄女结为夫妇。在退出影界后，施瓦辛格走上了从政的道路，2003年他竞选上了美国加州州长。

施瓦辛格之所以能取得这样的成功，首先就是因为他对自己的人生有一个明确的定位，因为只要有了明确定位，努力才有方向；只有有了明确定位，人生才有奔头；只有有了明确定位，才不会被灯红酒绿、纸醉金迷的生活迷住了眼而浪费精力。而对将来缺乏定位的人，大多活得浑浑噩噩，即使有所成就，也很小很小。

人生需要定位，而且最好是高点定位，把自己目标设定的高一点，潜力才能迸发的更高，成就也才会更大。周恩来总理从小"为中华之崛起而读书"，日后果真成为新中国的缔造者；王献之立志超越父亲，勤学苦练终于突破家学，有所创新，在书法史上被尊称"小圣"。可以说正是因为这些伟人对自己的未来设定得较高，才能取得令人赞叹的成就。

人，只有有胸怀大志，敢于给自己高点定位，才会强烈追求自我价值的实现。只有有眼界、有视野，才能站得高、看得远，才可以更好地

3

把握我们未来的发展方向。想要成功，就要敢于给自己高点定位，只有志向远大，才能有所作为。一个对自己没有定位的人，没有远大抱负的人，在困难面前只会停步不前、犹豫不决，丢掉本该属于他的胜利果实。

高点定位，才能找到好位置

人因位置不同而命运不同，高位的人享受荣华富贵、生活轻松，底层的人为了维持家计，就难免风吹日晒、还可能受人欺凌，两种截然不同的待遇当然与人的出生家境有关，但也与我们的后天努力密不可分。富家子有可能家道败落，贫苦儿也有可能日后飞黄腾达，只要他敢于把自己的目标设定在人生好位置上，并为之努力。

李斯出生于战国末期，是楚国上蔡（今河南省上蔡县西）人，少年时家境不太宽裕，年轻时曾经做过掌管文书的小官。至于他的性格为人，司马迁在《史记·李斯列传》中插叙了一件小事，极能够形象地说明。据说，在李斯当小官时，有一次到厕所里方便，看到老鼠偷粪便吃，人和狗一来，老鼠就慌忙逃走了。过了不久，他在国家的粮仓里又看到了一群老鼠，这些老鼠整日大摇大摆地吃粮食，长得肥肥胖胖，而且安安稳稳，不用担惊受怕。他两相比较，十分感慨地说："人之贤与不肖，譬如鼠矣，在所自处耳！"意思是说，人有能与无能，就好像老鼠一样，全靠自己想办法，有能耐就能做官仓里的老鼠，无能就只能做厕所里的老鼠。

为了不做"厕所里的老鼠"，为了求得荣华富贵，他辞去了小吏职务，前往齐国，去拜当时著名的儒学大师荀子为师。荀子虽是继承了孔子的儒学，也打着孔子的旗号讲学，但他对儒学进行了较大的改造，较少地宣扬传统儒学的"仁政"主张，多了些"法治"的思想，这很适合李斯的胃口。李斯十分勤奋，同荀子一起研究"帝王之术"，即怎样治理国家、怎样当官的学问，学成之后，他便辞别荀子，到秦国去了。

荀子问他为什么要到秦国去，李斯回答说：人生在世，贫贱是最大的耻辱，穷困是最大的悲哀，要想出人头地，就必须干出一番事业来。齐王萎靡不振，楚国也无所作为，只有秦王正雄心勃勃，准备兼并齐、楚，统一天下，因此，那里是寻找机会、成就事业的好地方。如果尚在齐、楚，不久即成亡国之民，能有什么前途呢？所以，我要到秦国去寻找适合我个人的机会。

荀子同意李斯前往秦国入仕，但他告诫李斯要注意节制，在成功之际想想"物忌太盛"的话，不要一味地往前走，必要的时候要给自己留条后路。

李斯来到秦国，投到极受太后倚重的丞相吕不韦的门下，很快就以自己的才干得到了吕不韦的器重，当上了小官。官虽不大，但有接近秦王的机会，仅此一点，就足够了。处在李斯的位置，既不能以军功而显，亦不能以理政见长，他深深地知道，要想崭露头角，引起秦王的注意，唯一的方法就是上书。他在揣摸了秦王的心理、分析了当时的形势后，毅然给秦王上书说：凡是能干成事业的人，全是能够把握机遇的人。过去秦穆公时代国势很盛，但总是无法统一中国，其原因有二：一是当时周天子势力还强，威望还在，不易推翻；二是当时诸侯国力量还较强大，与秦国相比，差距尚未拉开。不过从秦孝公以后，周天子的力量急剧衰落，各诸侯间战争不断，秦国已经趁机强大起来了。现在国势强盛，大王贤德，扫平六国真是如掸灰尘，现在正是建立帝业、统一天下的绝好时机，大王千万不可错过了。

这些话既符合秦国及各诸侯国的实际情况，又迎合了秦王的心理，所以赢得了秦王的赏识，被提拔为长史。接着，李斯不仅在大政方针上为秦王出谋划策，还在具体方案上提出意见，他劝秦王拿出财物，重贿六国君臣，使他们离心离德，不能合力抗秦，以便各个击破。这一谋略卓有成效，李斯因而被秦王封为客卿。李斯在秦国开始崛起了，后来终于做到丞相的高位。

李斯受茅厕和粮仓里老鼠的不同际遇的启发，确定了自己的人生方向，那就是，要做"粮仓里的那只老鼠"，要寻找自己的最佳位置。李斯是个有志气的人，对自己高标要求，高点定位。而清醒的头脑更为他的志气插上了翅膀，使他为自己选择了一个与众不同的起点。

有的人曾与大多数人一样身处社会的底层，但不随波逐流，而是勇于给自己高点定位，硬是凭着誓做一只"强鼠"的志气和对周边环境的清醒认识使自己脱颖而出。李斯这些人的经历或许能令我们明白这样一个道理：清醒的有志者才能主宰自己的未来，敢于高点定位的人才能找到好的位置，赢得美好的人生。

要勇于给自己高点定位

一个人要想有所建树，有所成就，就要敢于给自己高点定位。要敢于重用自己，敢于承担责任，勇于独当一面，敢为人先，有战胜一切艰难险阻的决心，敢于排除前进道路上的一切障碍。心中只有一种信念：别人能做的，我也能做到；别人做不到的，我还能做到。

这是一个真实的故事：主人公是一个生长于旧金山贫民区的小男孩，从小因为营养不良而患有软骨症，在六岁时双腿变成"弓"字型，而小腿更是严重地萎缩。然而在他幼小心灵中一直藏着一个连他自己都不相信会实现的梦——那就是有一天他要成为美式橄榄球的全能球员。

他是传奇人物吉姆·布朗的球迷,每当吉姆所在的克坦克夫兰布朗斯队和旧金山四九人队在旧金山比赛时,这个男孩便不顾双腿的不便,一跛一跛地到球场去为心中的偶像加油。由于他穷得买不起票,所以只有等到全场比赛快结束时,从工作人员打开的大门溜进去,欣赏最后几分钟的比赛。

在他13岁的时候,在一家冰激凌店终于见到了他的偶像。他大大方方地走到这位大明星的跟前,朗声说道:"布朗先生,我是你最忠实的球迷!"

吉姆·布朗和气地向他说了声谢谢。这个小男孩接着又说道:"布朗先生,你晓得一件事吗?"

吉姆转过头来问道:"小朋友,请问是什么事呢?"

男孩一副自若的神态说道:"我记得你所创下的每一项记录,每一次的布阵。"

吉姆·布朗十分开心地笑了,然后说道:"真不简单。"

这时小男孩挺了挺胸膛,眼睛闪烁着光芒,充满自信地说道:"布朗先生,有一天我要打破你所创下的每一项记录!"

听完小男孩的话,这位美式橄榄球明星微笑地对他说道:"好大的口气。孩子,你叫什么名字?"

小男孩得意地笑了,说:"布朗先生,我的名字叫奥伦索·辛普森。"

奥伦索·辛普森日后的确如他少年时所说的那样,在美式橄榄球场上打破了吉姆·布朗所写下的所有记录,同时更创下一些新的记录。

拿破仑有句话:不想当将军的士兵不是好士兵。其实这句话道出了一个道理:每一个人活在这个世上,都应该给自己定个位。定什么位,将决定自己一生成就的大小。志高千里的人决不会自甘平庸，甘心做下人的人永远成不了主人。在现实当中总有这样一些人：他们相信命运，凡事听天由命；有的性格懦弱，做事依赖他人；有的没有责任心，不敢承担责任；有的惰性太强而好逸恶劳；有的缺乏理想，混沌度日，等等。总之，他们给自己低调定位，遇事不敢独当一面，又不敢承担责任，不敢为人之先。一句话，就是不敢看重自己，被一种消极的心态所支配，甘心自我轻贱。这种心态是一个人进步的最大障碍，生存的大敌。古人云："胜人者力，自胜者强。"这的确是亘古不变的真理。

每个人的命运都在自己手中，每个人都可作出惊世骇俗的业绩，关键就在于敢不敢自己重用自己。谁要总将命运寄托于他人，祈求他人的重用，那结果必将是受人役使和摆布，或者"为他人做嫁衣裳"。

勇于为自己高点定位的人永远不会让自己成为这种配角。他们相信自己，依靠自己。并且因为自己的自信而敢于拼搏，成功也就只是时间的问题。如果你看重自己，勇于给自己一个高点的定位，你也可以成就自己。

定位自己，首先要了解自己

想要给自己高点定位，首先必须要了解自己。了解自己，就会知道自己有什么条件，知道什么是自己的真正追求，才会找准适合自己的最佳位置！可以说决定我们层次、境界、气质、地位高低的，首先是要清楚大脑中的那个"我"！

伟大的文学家歌德在年轻时候的志向是成为一个举世闻名的画家。

为此，他一直沉浸在那个变幻无穷的色彩世界中难以自拔。他付出了10年的艰辛努力去提高自己的画技，但收效甚微。在他40岁那年，他决定去意大利游玩，亲眼看到那些大师的作品之后，他被惊醒了：即使自己穷尽毕生的精力恐怕也难以在画界有所建树。于是，他毅然决定放弃绘画，改攻文学。

晚年的歌德每当回顾自己的成长过程时，就告诫那些头脑发热的青年，不要盲目地相信自己的兴趣，跟着感觉走。歌德慷慨的地说："要实现自己的长处很不容易，我差不多花了半生的光阴。"

毋庸置疑，人有很大的潜力，你可能会在任何一个行业中做出很好的成绩，但如果你能充分了解自身，给自己一个合理的定位，你就会更快更容易地达到成功。热切地实践愿望，就是走在通往天堂之路。漫无目标浑浑噩噩地度日，就是在承受地狱的煎熬。

鱼不会觉得自己游得很累，鸟也不会认为自己飞得太倦，因为它们在扮演自己。欧洲有很多街头艺人，他们就是很安分地唱歌、画画、表演魔术……在德国慕尼黑有一个表演吹气球的小丑。小丑的双手非常灵巧，轻轻松松地一拉一吹，转眼间马上就扭转出各种花样的气球，做出可爱的小狗就送给小男孩，做出美丽的花朵就送给金发美女。小丑快乐地穿梭在人群中，像花蝴蝶一样，边走边吹气球，成了就送给跟在他身后的男男女女。他的花招多得不得了，围观的人群笑声不断；接着他把帽子摘下来，有人投钱币给他，才看到他的秃头，想应该是中年男子了。后来他停止表演坐在路旁休息，去和他聊天，才知道他是法国人，从20岁起立志扮小丑，至今18年了，他对自己的工作很满意，打算做到老死。他是一个小丑，也愿永远做一个小丑。

认识自己、扮演自己、实践自己，就是天堂；不认识自己，想扮演别人就是地狱。人生没有特别的目的，只是尽情地做自己。勇敢地环顾整个世界。然后，大声对自己说：我是最重要的人。

等到你接受自己，把自己的需要当做是最重要的时候，你便不会用别人的标准来衡量自己是否成功。你会建立一套属于自己的标准。一个女人为自己能带给家庭幸福而觉得快乐。一个男孩只要能有演唱的机会便高兴了，他不计较有没有金钱的报酬。一个男人高兴自己能为公司赚来利润。这也就是为什么不能为讨好别人而生活的原因，你一定得做自己喜欢做的事情。虽说每一个人的本质都受文化的影响，但完全以文化所具有的价值系统来生活，那是跟自己过不去。惟独具有拒绝你不喜欢的东西的能力，才表示你自由了。

学会对自己负责

对自己高点定位，就是要学会对自己负责。不因为别人的夸奖而骄傲，也不为别人的贬损而自卑，而是自信地对自己负责，追求自我价值的实现。我们在做任何事情时都不妨问问自己，这一切是为了别人，还是为了达成自我定位，不妨问问自己的人生目标是否依然未变？

有一次，拿破仑自得地对他的秘书说："布里昂，你也将永垂不朽了。"布里昂迷惑不解，拿破仑进一步说道："你不是我的秘书吗？"意思是说布里昂可以因沾他光而扬名于世。布里昂是一个很有自尊心的人，他不愿接受子虚乌有的"恩惠"，但又不便直接加以反驳，于是他反问道："请问亚历山大的秘书是谁？"拿破仑答不上来，而拿破仑不仅没有怪罪他，反而为他喝彩："问得好！"

在这里，布里昂巧妙地暗示了拿破仑：亚历山大名垂青史，但他的秘书却不为人所知。布里昂的话让拿破仑明白了自己的失言，又维护了双方的自尊。这样机智的部下，肯定会得到上司的信赖和欣赏。试想，如果布里昂唯唯诺诺地盲从，结果又会如何呢？

生命是自己的，想活得积极而有意义，就要勇敢地挑起生命的重担。没有人能领你走一辈子，美好的生活靠你自己创造。只有不辜负每一个日子，每天才有新的收获。

对自己负责，是一项艰难又费时的挑战。要能了解自己，发掘自己的优缺点，再不断调整及修正。还得注意不受主观成见的影响，逐一吸收于己有益的经验。

如果你常常想取悦他人，就要好好反省自己，是否有推卸责任的倾向？明明不同意，却口是心非；明明有意见，却偏不说，一味忍耐。换来满腹委屈后，才觉得被人指使，没有自我。

不敢给自己高点定位的人大多有个通病，就是耳根子软，容易受人左右。他们任由报章杂志和街谈巷议来替自己思考。其实，舆论是世界上最不值钱的商品。每个人都有一箩筐的看法，随时准备加诸接受的人身上。如果你下决心的时候受人左右，做哪一行都不会出人头地。如果你任由他人的意见来左右你，你就失去了自我。

你有自己的头脑和心智，请好好运用，自己作决定。如果你需要别人提供资料详情后，才能在某些事情上下定决心，就要不动声色，不着痕迹，不要说穿自己的目的，悄悄取得所需的资料，探究之后再作决定。总之，对于想要登上成功巅峰的你来说千万别让自己成为别人思想的奴隶，不能让自己的头脑成为别人思想的跑马场。

当你开始下定决心，将书中所述的原理付诸实行，并且坚持到底的时候，要保持你自己的看法。除了"智囊团"成员以外，谁的话都不要轻信，并且在选取团员的时候，要确定只选择会和你同舟共济的人。

生命之权操之在己，不管别人有多少意见，作决定的终究是自己。既然生活是自己的，品质就该由自己负责到底。

人生旅程中最重要的事，就是要积极生活，做生命的主人。依照别人的期盼或指示而生活，是一件令人难以忍受的事。尽管你我都希望自己能与他人分享心得，共同成长，但并不表示事事都由他（她）们决定。生活中仍然需要完全属于自己、不容他人打扰的空间。

努力让自己完美起来

"外在环境是造成问题的症结所在"，这种生活态度不但错误，而且正是产生问题的根源。正确的做法应该是，先改变个人的行为，给自己找一个适宜的目标，好好定位自己，做个更充实、更勤奋、更具创意、更能合作的人，然后再去影响环境，并最终梦想成真。

《旧约》里约瑟夫的故事颇耐人寻味，约瑟夫17岁时就被亲生手足卖到埃及，任何人处在同样的境遇下，都难免自怨自艾，并对出卖及奴役他的人愤愤不平。但约瑟夫不这么想，他有自己的远大抱负，并为达成这一自我定位而努力，平常专注于自己的修养，不久便成了主人家的总管，掌管了所有的产业，备受倚重。后来他遭到诬陷，坐牢13年，可是依然不改其志，化怨愤为上进的动力。没有多久，整座监狱便在他的管理之下。到最后，他竟掌管了整个埃及，成为法老以下、万人之上的大人物。这种行为的确不是一般人所能企及的。

人人都应该为自己的生命负责，先对自己提出问题，为自己开创有利的环境，而不是坐等好运或厄运的降临。举例来说，如果婚姻出了问题，有的人只顾揭发对方的过错。这种做法于事无补，充其量证明你是个无能的受害者，并不能挽回婚姻。不断的指责不但无法使人改过迁善，反而会使对方恼羞成怒。真正有效的策略应从自身能控制的方面着手，也就是先改进自己的缺失，努力成为模范妻子或丈夫，给予对方无条件的爱与支持。

有一家大公司的总裁精力旺盛，而且对流行趋势反应极其敏锐。他才华横溢，精明干练，但是管理风格却十分独裁，对部下总是颐指气使，从不给他们独当一面的机会，人人都只是奉命行事的小角色，连主管也不例外。

这种作风几乎使所有主管离心离德，大多是一有机会便聚集在走廊上大发牢骚。乍听之下，不但言之成理而且用心良苦，仿佛全心全意为公司着想。只可惜他们光说不练，以上司的缺失作为坐而言却不起而行的借口。

例如一位主管说："你绝对不会相信，那天我把所有事情都安排好了，他却突然跑来指示一番。就凭一句话，把我这几个月来的努力一笔勾销，我真不知道该如何再做下去。他还有多久才退休？"

有人答道："他才59岁，你想你还能熬6年吗？""不知道，反正公司大概也不会让他这种人退休。"

然而，有一位主管却不愿意向环境低头。他并非不了解顶头上司的缺点，但他的回应不是批评，而是设法弥补这些缺失。上司颐指气使，他就加以缓冲，减轻属下的压力。又设法配合上司的长处，把努力的重点放在能够着力的范围内。

受差遣时，他总尽量多做一步，设身处地体会上司的需要与心意。假定奉命提供资料，他就附上资料分析，并根据分析结果提出建议。

有一天，一位公司的顾问与该公司总裁交谈，顾问大为夸赞这位主管。于是，以后再开会时，其他主管依然只是接到各种指示，惟有这位积极主动的主管，总裁会征询他意见，他的影响圈因此而扩大。

这在办公室造成不小的震撼，那些只知抱怨的人又找到了新的攻击目标。对他们而言，惟有推卸责任才能立于不败之地，为了免于为自己的错误负责，有人干脆把责任推得一干二净。这种人以尽量挑剔别人的错误为能事，借此证明"错不在我"。幸好这位主管对同事的批评不以为意，仍以平常心待之。久而久之，他对同事的影响力也增加了。后来，公司里任何重大决策必经他的参与及认可，总裁也对他极为倚重，并未因他的表现受到威胁。因为他们两人正可取长补短，相辅相成，产生互补的效果。

这位主管并非依靠客观的条件而成功，是正确的抉择造就了他。有许多人与他处境相同，但未必人人都会注重扩大个人的影响圈。

有人误以为"积极主动"就是强出头、富侵略性或无视他人的反应，其实不然。积极主动的人只是反应更为敏锐、更为理智，能够切乎实际并掌握问题的症结所在。

将外界的不利因素分析透彻，先从改变自身入手、努力让自己完善起来，最后达到劣势向优势的转化，也会让自己达成梦想，这就是睿智的人生，也是高点定位的人必须学习的曲折前进之道。一个人如果可以做到这一点，他就已经开始让自己的生存境界有了一点好转。

挑战规则，突破自我

现在是一个竞争激烈的年代，要想取得成功，就必须对自己狠一点，要求高一点，从而挑战固有的规则，突破自我。凡是一个人不相信自己能够做成一件从未为他人所做过的事时，他就永远不会做成它。你能觉悟到外力之不足时，而把一切都依赖于你自己内在的能力时，不要怀疑你自己的见解，要信任你自己，尽量表现你的个性。

无畏的气概、创造的精神，是一切伟人的特征。对于陈腐的规则和过时的秩序，他们是不放在眼里的。

能够成就大事业的人，永远是那些敢于认为自己会大有作为，给自己高点定位的人；是敢于信任自己见解的人；是敢于想人所不敢想，为人所不敢为，不怕孤立的人；是勇敢而有创造力的，往前人所未曾往的人；是那些能够别出机杼，突破"不可能"的人。

日本著名的企业家本田宗一郎就是这样一位勇于突破自我局限的人，他知道怎么样才能取得成功，除了要有良好的制造技术，还要有勇于进取，突破常规的勇气。

第二次世界大战结束后，日本汽油严重短缺，本田先生根本无法开着车子出门买家里所需的食物。汽车开不成了，给生活带来了很大的不便，本田先生就转变思路，寻找既方便又省油的方法。他突破常规，尝试着把马达装在脚踏车上。他知道如果成功，邻居们一定会央求他给他们装部摩托脚踏车。果不其然，他装了一部又一部，直到手中的马达都用光了。他想到，何不开一家工厂，专门生产所发明的摩托车？想法很好，但是问题是他欠缺资金。

他决定求助于全日本20000家脚踏车店，他给每一家脚踏车店用心写了封言词恳切的信，告诉他们如何借着他发明的产品，在振兴日本经济上扮演一个角色。结果说服了其中的8000家，凑齐了所需的资金。然而当时他所生产的摩托车既大且笨重，只能卖给少数硬派的摩托车迷。为了扩大市场，本田先生动手把摩托车改得更轻巧，一经推出便赢得满堂彩，因而获颁"天皇赏"。随后他的摩托车又外销到欧美，于20世纪70年代本田公司开始生产汽车并获得佳评。

本田先生勇于突破自我，取得了事业上的成功。细想在世界上，又有哪一种成功不应归功于勇于突破自我束缚的局限呢？

但是，现实中有太多的人，生活在一种被束缚、被阻碍、不良好的环境中；生活在一种足以泯灭热诚、丧失志气、分散精力、浪费时间的氛围中。他们没有勇气去斩除束缚他们的桎梏，也没有毅力去抛弃旧有的一切。终于，他们的志向，会因没有成绩、失望之故而流于平凡。

"胆怯"也足以阻碍人的自由。许多青年男女，本有高远志向，有志于表现他们自己，但被过度的胆怯与缺乏自信两者所束缚、所阻挡，他们自己觉得内在的力量跃跃欲试，但总害怕着失败，而不敢行动。

怕别人讥讽和嘲弄，害怕流言蜚语，这种恐惧心理会导致他们不敢说话、不敢做事、不敢冒险、不敢前进。他们等待又等待，希望有一种神秘的力量，可以释放他们，并给予他们以信心与希望。

铲除一切阻碍、束缚我们的东西，走进一个自由而和谐的环境中，这是事业成功的第一个准备。勇于突破自我的束缚，表现在工作上，就是要敢于向"不可能完成"的任务挑战！这种精神，是获得成功的基础。职场之中，很多人如你一样，虽然颇有才学，具备种种获得老板赏识的能力，但是却有个致命弱点：缺乏挑战的勇气，只愿做职场中谨小慎微的"安全专家"。对不时出现的那些异常困难的工作，不敢主动发起"进攻"，一躲再躲，恨不能避到天涯海角。你们认为：要想保住工作，就要保持熟悉的一切，对于那些颇有难度的事情，还是躲远一些好，否则，就有可能被撞得头破血流。结果，终其一生，也只能从事一些平庸的工作。一位老板描述自己心目中的理想员工时说："我们所急需的人才，是有奋斗进取精神，勇于向'不可能完成'的工作挑战的人。"具有讽刺意味的是，世界上到处都是谨小慎微、满足现状、惧怕未知与挑战的人，而勇于向"不可能完成"的工作挑战的员工，犹如稀有动物一样，始终供不应求，是人才市场上的"短手货"。

珍妮佛·露茜在学校时是一个有名的才女，她不但无所不通，论口才与文采也是无人可与之媲美的。大学毕业后，在学校的极力推荐下她去了一家小有名气的公司。

公司里，每周都要召开一次例会，讨论公司计划。每次开会很多人都争先恐后地表达自己的观点和想法，只有她总是悄无声息地坐在那里一言不发。她原本有很多好的想法和创意，但是她有些顾虑，一是怕自己刚刚到这里便"妄开言论"，被人认为是张扬，是锋芒毕露；二是怕自己的思路不合领导的口味，被人看作是幼稚。就这样，在沉默中她度过了一次又一次激烈的争辩会。有一天，她突然发现，这里的人们都在力陈自己的观点，似乎已经把她遗忘在那里了。于是她开始考虑要扭转这种局面。但这一切为时已晚，没有人再愿意听她的声音了，在所有人的心中，她已经根深蒂固地成了一个没有实力的花瓶人物。最后，她为自己的保守思想付出了代价，她失去了这份工作。

大胆地放开思路，挑战规则，突破自我的思想局限，把自己想象成一个大有作为的人，并且努力向这个方向进取，你就能够取得成功，完成高点定位，做成你想做的事。

过去不等于未来

成功属于愿意成功的人。你不愿成功，谁拿你也没办法；你自己不行动，上帝也帮不了你；你自己不把自己定位成一个成功的人，你又怎么可能达成目标呢？它并不是一个蛋糕，并非数量有限，不会别人切了你就没有了。成功的蛋糕是切不完的，关键是你是否去切。你能否成功，与别人的成败毫无关系。只要自己想成功，与别人的成败毫不相关。只有你自己下定决心成功，方会有成功的可能。

承宫出生在一个贫寒之家。父母一年辛劳忙碌，全家人只能勉强糊口，过着饥寒交迫的生活，终日挣扎在温饱线上。

承宫七岁那年，该读书了，但他只能眼巴巴望着左邻右舍的孩子欢天喜地进学堂——饭都吃不饱，父母哪来钱供他上学呢？不仅上不起学，小小年纪还要分担家计重担，去替人放猪。为这事，他不知偷偷哭过多少回。

不久同村的学者徐子盛先生开办了一所乡村学堂。承宫每天放猪都要从那里经过。起初他每次路过学堂，只敢望几眼学堂大门，竖起耳朵偷听一会儿里面的读书声，然后就赶紧离开。渐渐的，承宫在学堂附近停留的时间越来越长，最后竟不由自主地来到学堂门口，偷听先生讲课、听学童读书。常常听得入了神，把猪都忘了。

终于有一天，承宫在学堂门口听讲，没有照看好猪，让猪跑散了几只。东家寻来，不由分说，一顿毒打，打得小承宫鼻青脸肿，哭叫不止。

正在授课的徐子盛先生闻声跑了出来，当他得知事情原由后，便对东家说："怎么能这样对待一个爱读书的孩子！从今以后，他不再为你放猪了，你请另雇他人吧！"说完，将小承宫领进了学堂。

从此，承宫就被收留在徐先生门下。他一边帮老师做杂活，一边随课听讲，并抓紧一切空余时间读书，他的学习成绩总是名列前茅。数年后，承宫读遍了先生的所有藏书，并写得一手好文章，远近闻名，并最终作为一名在学术上有很深造诣的学者而名垂青史。

也许有人会说，承宫那是小时候就知道读书的好处，所以偷偷学习并因此改变命运，而如果已经成年，"过去不等于未来"还管用吗？一切都还来得及。只要起步，永远都不算晚！

三国时有这样一个故事：

吕蒙为东吴将领，英勇善战。虽然深得孙权、周瑜器重，但由于十五六岁即从军打仗，没读过什么书，也没什么学问。为此，鲁肃很看不起他，认为吕蒙不过草莽之辈，四肢发达头脑简单，不足与谋事。吕蒙自认低人一等，也不爱读书，不思进取。

有一次，孙权派吕蒙去镇守一个重地，临行前嘱咐他说："你现在很年轻，只有多读些史书、兵书，懂得知识多了，才能不断进步。"

吕蒙一听，忙说："我带兵打仗忙得很，哪有时间学习呀！"

孙权听了批评他说："你这样就不对了。我主管国家大事，比你忙得多，可仍然抽出时间读书，收获很大。光武帝带兵打仗，在紧张艰苦的环境中，依然手不释卷，你为什么就不能刻苦读书呢？"

吕蒙听了孙权的话十分惭愧，从此后便开始发奋读书补课。他利用军旅闲暇，遍读诗、书、史及兵法战策。

后来鲁肃当上吴国的大都督去拜访吕蒙，与其探讨布防大略，吕蒙侃侃而谈，让鲁肃听后又惊又喜，起身走到吕蒙身旁，抚拍其背，赞叹道："真没想到，你的才智进步如此之快……我以前只知道你一介武夫，现在看来，你的学识也十分广博啊，远非从前'吴下阿蒙'了！"这就是"士别三日，即当刮目相待"的来历。

"士别三日，当刮目相看"这句成语证明了人们对"过去不等于未来"的普遍认同。然而问题的关键在于，是否能把这一观念真正用在自己身上。一个推销员如果怕被拒绝，他永远无法接触新的客户，一个体操运动员怕失败，他将永远上不去双杠。所以，一个真正的高手应该时刻放下内心的思想包袱。

让人生大放光彩

挑战自我首先是以不满现状、有自己更远大的价值目标为前提动力的。具体来说，就是对自己高点定位，将之作为终点目标，持之以恒地努力向它奔去。我们必须拥有运动竞技中的冠军及各行各业的获胜者所共有的特质，即对自我的内在价值具有基本的信念和对自己潜能的不断挖掘。显然，这是一种从改变内心环境入手的做人方法的改换。

显然，天赋、外貌及其他特质，并非人人生而平等，但我们可以确定的是，每个正常人都生而具有成为冠军的品质，那就是我们自己的"内在价值"，借助后天努力你就可以提升自己。

安东尼·罗宾告诉我们，要学会用一个词——"内在的赢家"，即要能够认知自己的内在价值，而又能够以它为基础，去实现目标。世界上，能够在颈上挂金牌的秘诀在于你必须先是个内在的赢家。

当你改换人生环境继续迈向高峰时，必须记住：人生的每一级阶梯虽然都可供你踩足够的时间，可它不是供你休息之用。我们在途中难免会疲倦与灰心，但要像世界重量级冠军詹姆士·柯比常说的："你要再战一回合才能得胜。碰上困难时，你一定要再战一回合。"每一个人都有无限的潜能，但除非你知道它在哪里，并坚持用它，否则毫无价值。世界著名的大提琴演奏家帕柏罗卡沙成名之后，仍然每天练习6小时。有人问他为什么还要这么努力。他的回答是："我认为我正在进步之中。"这种正确的做人方法对我们很有指导作用。

"我从楼梯的最低一级尽力朝上看，看看自己能够看到多高。"这是美国五大湖区上的运输大王考尔比在最初进入社会做事时所说的一句话，也显示出他一直对自己高点定位的恒心。

当初考尔比一无所有，而他希望的却是那样高远，他是根据什么来实现自己的希望的呢？他非常穷困，最初是从纽约一步一步走到克利夫兰，后来在当地铁路公司总经理手下谋了一个书记的职位。

但是他工作了一些时候，便觉得这份工作的空间过于狭小，已不能满足其远大志向了，他觉得这个工作除了忠实地、机械地干活之外，没有什么前途。他告诉自己必须换一种环境。

他辞了这个工作，另在赫约翰大使的手下谋得一个工作，赫约翰就是后来国务卿兼美国驻英国大使。考尔比已经预见到，如果与前者在一起，不会有什么发展，与后者在一起，则会有很大的前途。

一个人要有眼光才有进步，但是眼光必须时时改进。考尔比说："我最初走到克利夫兰来，原是想做一个普通水手的——这是一种儿童追求冒险和浪漫的思想。但结果我没有当水手，而每日与美国最完美的一个人物（赫约翰大使）相接触，这也是我的好运气。他成为我各方面的理想人物了。"

考尔比能够认识到假如他同一个小人物相处，绝不能有很大的发展。他选定了一个大人物，然后以这个人为自己心目中的偶像。他选定了赫约翰，便为自己树立了一个理想。因为他晓得将来想做一个什么样的人。

如果你并不觉得生活不满意，不想改变你的现状，就不会有一个前途光明的理想。但是，如果你有了理想便满足了，把理想作为实际生活失望中的一种安慰，那就错了。理想的用处，就是把未来的蓝图变成眼前的现实。

改换了生活环境，一个崭新的天地等着你大显身手，你的人生从此将充满希望。当然这个实现的过程还是需要你自己去努力的，因为放弃安稳的生活，主动去迎接挑战，并不是仅靠勇气就行的。只有通过改变"内心环境"，从心态上改变，才能在所选择的环境里让自己的人生大放异彩。

成功首先是自我满意

高点定位就是要追求人生的成功，但成功是什么？对此，每个人都有不同的理解。它就如同世界上的每一片树叶不同一样，每个人对它的理解和定义也各不相同。既然每个人的自身情况是不一样的，那么你自己的成功就根本不需要别人去定义。

　　成功，可以说是一种境界，而达到这一种境界则需付出艰辛的努力。当我们只看到成功者头上的光环时，我们往往会不知不觉地忽视了成功背后的真正意义。

　　原英国首相丘吉尔觉得成功就是胜利。在一次采访中，他说："你问我，成功对于我来说是什么？我可以用两个字来回答：胜利！不计一切代价的胜利，不顾一切恐惧的胜利，不论路有多长、多么艰难的胜利。"

　　丘吉尔出生于爱尔兰，七岁入学读书，直到中学毕业，他的学习成绩一直不好，老师认为他低能、迟钝，不会有太大的出息。但丘吉尔却对自己充满信心，他刻苦学习英文，又到印度从军，并利用那段时间学习各种知识。

　　经过磨练，丘吉尔成为一个成功者，他掌握了四万多的英语单词，成为掌握英语单词最多的人。后来他被任命为英国首相，率领英国人民参加了伟大的反法西斯战争。

　　随着丘吉尔当上首相、法西斯国家的失败，丘吉尔胜利了。他用事实验证了他自己的成功，因为他的成功定义就是：胜利就是成功。

　　而那些赤脚过火炭或者上"刀山"的杂技艺人们却认为成功就是一种挑战，要敢于挑战自己。这些杂技艺人们用常人所不敢去做的事，定义为自己的成功，让人们觉得他们很神秘、很神奇。不但可以为自己带来满足，也能给别人带来快乐。

　　人们常常为"怎样才算成功"争得面红耳赤，原因是各自的标准互不"兼容"而已。一般情况下，人们常常按照自己的标准或自己的目标来衡量别人的成功。比如我认为成功的，你可能觉得没什么了不起；你认为成功的，他却不以为然。一个组织与另一个组织之间的标准也会不一样，有时甚至完全相反。但只要我们抽丝剥茧，汇总整理，就会发现成功的定义其实非常简单而明确：成功就是达成预期目标。

在当前的经济大潮中，成功往往被定义为个人拥有多少财富。其实，财富的多少也许是成功的一种标志，但绝不是成功真正的内涵。很多时候，成功更是一种过程、一种事业。我们努力地追求成功，往往最终不是为了获得多少的个人财富，或者开怎样豪华的跑车和住如何宽敞的别墅。实际上，当我们一旦将追求成功变成追求一种事业和一种人生理想的时候，那么成功的感受往往是最重要的。

说句非常朴素的话，成功就是"自己满意、别人认同。"人生的不同阶段，对于成功的理解、定义、追求是不断变化的。大家要追求成功但不要太计较成功，学会以理解、平和的心态对待成功。这是我们在确立自己的人生目标、踏上成功路之前，首先应该明确这个道理。

第二章　定位越高，成就越大

> 一个对自己高点定位的人，毫无疑问会比一个根本没有目标的人更有作为。有句苏格兰谚语说："扯住金制长袍的人，或许可以得到一只金袖子。"那些志存高远的人，所取得的成就必定远远离开起点。即使你的目标没有完全实现，你为之付出的努力本身也会让你受益终生。

确立明确目标是高点定位的起点

在生活和工作中，明确自己的目标和方向是非常必要的。只有知道自己的目标是什么、到底想做什么之后，才能够找准人生定位，工作起来才能有干劲，梦想也才会变成现实。许多人之所以在生活中一事无成，最根本的原因在于他们不知道自己到底要做什么。

一个小伙子，因为对自己的工作不满意而向柯维咨询。他自己的生活目标是：找一个称心如意的工作，改善自己的生活处境。

"那么，你到底想做点什么呢？"柯维问。

"我也说不太清楚，"年轻人犹豫不决地说，"我还从没有考虑过这个问题。我只知道自己的目标不是现在这个样子。"

"那么你的爱好和特长是什么？"柯维接着问，"对于你来说，最重要的是什么？"

"我也不知道，"年轻人回答说，"这点我也没有仔细考虑过。"

"如果让你选择，你想做什么？你真正想做的是什么？"柯维对这个话题穷追不舍。

"我真的说不准，"年轻人困惑地说，"我真的不知道自己究竟喜欢什么，我从没有仔细考虑这个问题，我想我确实应该好好考虑考虑了。"

"那么，你看看这里吧，"柯维用双手比画着说，"你想离开你现在所在的位置，到其他地方去。但是，你不知道你想去哪里。你不知道自己喜欢做什么，也不知道自己到底能做什么。如果你真的想做点什么的话，现在你必须拿定主意。"

你必须首先确定自己想干什么，然后才能达到自己确定的目标。同样，你应该首先明确自己想成为怎样的人，然后才能把自己造就成那一行的有用之材。

目标会使你拥有胸怀远大的抱负，目标会在失败时赋予你再去尝试的勇气，目标会使你不断向前奋进，目标会给你前途，目标会使你避免倒退，不再为过去担忧，目标会使理想中的我与现实中的我统一。当别人问你"你是谁"时，你可以回答："我是能完成自己目标的人。"

正如空气对生命一样，目标对人生也有绝对的必要。如果没有空气，没有人能够生存；如果没有目标，没有人能够达到该有的人生境界。一个人以自己的努力获得的收获，在开始的时候，只不过是存于心里的一幅清晰、简明、有待追求的画面而已。当那幅画面成长、扩大，或发展到使人着魔的程度时，就被人的潜意识接受。从那一刻起，当事人会身不由己地被牵扯着、引导着，为实现心底的那幅画面而努力不已。

然而，大多数人都在没有明确目标或明确计划的情况下接受完教育，找一份工作，或开始从事某一种行业。现代科学已能够提供相当正确的方法来分析人们的个性，以使人们选择适合他们的职业。但许多人依然如无头苍蝇到处乱撞，找不到合适的工作。因为他们从一开始就没有确立明确的目标，所以到了而立之年乃至不惑之年，还在为找不到合适的工作而苦恼。

即使你有仁善的性格，有一副健壮的身体，甚至具备丰富的学识、非凡的才干，你也不能保证自己会拥有成功，因为这些并非你人生卓越的全部要素。具备这些条件者成千上万，他们照样失落一生。何故？因为他们缺乏开创事业所必备的条件——发展的目标。缺乏目标的人生是毫无意义可言的，他们不知定位为何物，浑浑噩噩，庸庸碌碌，只看见眼前的阴影，看不见明天的曙光。人生的天空难免阴晦失色，精神世界难免空虚。这样的人生，也是很难有所成就的！

错误的目标葬送人生

目标是人生定位的方向，选择什么样的目标就意味着你将步入什么样的人生。但是目标不是欲望，目标更加具体，也往往给自己设定了时限。它有欲望的感情牵动因素，更重要的则是要由自己做主，由自己去选择自己的目标。但选择目标的时候一定要选正确，要选一个可以实现的、适合你的目标。否则，就不如没有目标。

有一个笑话，从前有一个名叫布朗的人，他养了一只狗叫杰克。布朗在一家外企上班，虽然生活无忧，但是他总梦想着有朝一日自己能够超越自己的老板而暴富起来。

一天，布朗灵机一动，对杰克说："如果我能教会你像麻雀一样飞翔，世界上的人都将乐意花钱来请我，到那时咱们岂不是暴富了！"杰克高兴地说。"等一等，我不会飞呀！我是一只狗，而不是一只麻雀！"布朗非常失望："你这种消极态度确实是一个大问题。做什么事都要有目标，没有目标是成功不了的。我得为你上几天课。"

于是布朗每天下班都要给杰克上课，内容包括目标管理、战略制定以及时间管理等课程，但关于飞行方面却什么也没有学。

第一天，飞行训练，布朗异常兴奋，但是杰克却很害怕。布朗解释说，他们住的公寓一共有15层，杰克将从第一层开始，从窗户向外跳，每天加一层，最终达到15层；而在每一次跳完之后，杰克都必须总结经验，找出最有效的飞行技巧，然后把这些运用到下一次训练中。等到达最高一层的时候，杰克就学会飞了。可怜的杰克请求布朗考虑一下自己的性命，但是布朗根本听不进："这只狗根本就不理解狗会飞的意义，它更看不到我的伟大目标。"因此，布朗毫不犹豫地打开第一层楼的窗户，把杰克扔了出去。

第二天，准备第二次飞行训练的时候，杰克再次恳求布朗不要把自己扔出去。布朗拿出一本袖珍的《高绩效目标管理》，然后向杰克解释：当你面对一个目标时，总是害怕实现不了，由此就会停下来，忘了自己树立的目标。接下来，只听见"啪"的一声，杰克又被从二楼扔了出去。

第三天，杰克调整了自己的策略，即拖延。它要求延迟飞行训练，直到有最适合飞行的气候条件为止。但是布朗对此早有准备，他拿出一张进度表，指着说："既然我们有了目标，那么就要每天向目标靠近，对不对？"于是这只忠诚的狗知道，今天不跳仅仅意味着明天跳两次而已。

不能说杰克没有尽其所能。如，第五天它给自己的腿加上了副翼，

27

试图变成鸟；第六天，它在自己的脖子上戴了一个红色的斗篷，试图把自己变成"超人"，但这一切都是徒劳。

到了第七天的时候，杰克已经摔断了自己的双腿并且左耳失聪，它不再乞求布朗的仁慈。它只是直直地看着布朗说，"主人，我是狗，我不是麻雀，你想杀了我，也不要用这样的方法吧！"

布朗则指出："人生的目标就是在受到挫折后，不断努力才能成功的，我们不能放弃自己的目标……"

"闭嘴，开窗。"这只狗平静地说道，然后，它瞄着楼下的一个平地跳了下去。可怜的杰克被摔得像一片叶子一样瘪。

布朗对杰克极其失望。飞行计划完全失败了，杰克没有学会如何飞，它降落的过程就像一袋沙子从楼上扔下来一样，而且它丝毫也没有听取布朗的建议："聪明地飞，而不是猛烈地下降。"现在，布朗唯一能做的事就是分析整个过程，找出什么地方错了。经过仔细地思考，布朗笑了："下次，我找一只聪明的狗不就行了嘛！"

虽然这是个笑话，但是让我们明白了一个哲理：成功与否不在于你有多么宏伟的蓝图，而在于你是否选择了正确的目标。目标错了，就算你的目标有多么伟大、多么严密，那也是枉然。

虽然每个人都有自己作决定的独特方法。但不幸的是，很多人都认为自己的选择未必是最正确的。这很自然，因为人们无法预知将来，无法提前看到自己的选择究竟会有多少益处，害怕将来不遂己愿。

但是，将来的事谁又能把握住呢？最重要的是抓住现在。只要你现在觉得自己是对的就可以了。如果相反呢？就马上改过来！

那么，在目标的选择上，利用好现有的资源，是最可取的。相信自己能够随着局势的变化作出恰当的调整；如果意识到自己的选择是错误的，以最快的速度放弃并给自己新的选择机会。

具体的做法是：

（1）注意真实的目标

作决定前，仔细辨别目标，将注意力集中于自己真实的目标上。而不要选择一个不切实际的目标。比如，问问自己：我是真的需要一双新鞋还是期待新鞋能把忧郁赶走，给自己带来好心情呢？如果答案是前者就去商店。辨清自己的目标再作决定，这才是对症下药。

（2）面对重大问题时要保持冷静清醒

如果面对的问题很复杂，选择的意义很重大，那千万不要草率。深呼吸，放松身心，问问自己最想要的是什么？一遍不行，就再问一遍。要是还不能决定，也不要勉强自己，说明现在还不是选择的时候。将问题搁置一下，或许明天、下周、下一个冬天……答案会自然而然地浮出水面。

（3）划掉不是最重要的那一个

一种选择的获取同时也意味着对另一种选择的放弃，没有人能够什么都得到，贪婪反而会令你失去全部。因此应该告诉自己是将最不重要的那一个划掉的时候了。

搞清楚自己这辈子想要一个什么样的舞台

人人都想自己的人生舞台一片宽阔，但你首先应清楚，你要的是一个什么样的舞台。一个人活得窝囊，最突出的原因就是不能清晰地规划自己的未来，也就是没有明确的人生定位，没有目标。没有自我定位、没有目标就好像走在黑漆漆的路上，不知往何处去。目标为我们带来期盼，刺激我们奋勇向上。当然，在为达到目标而努力奋斗的过程中可能遭遇挫折，这就需要你坚定信念、精神抖擞。

美国的一份统计数据显示，一个人退休以后，特别是那些独居老人，假若没有任何生活目标，每天只是刻板地吃饭和睡觉，虽然生活无忧，但寿命一般不会超过7年。心理学家研究表明："没有了目标，便丧失了生存的目的和方向，而潜意识里也会认为生存没有什么意义。"

清晰的目标能协助我们找出正确的方向，不致于走许多冤枉路，就好像赛跑选手一样，他们都是朝着终点进发，有目标就给自己划定了最短跑道。更重要的是确定目标能使我们集中意志力，并清楚地知道要怎样做才可获得追求的成果。

美国加州大学生物影像研究所主任乔治·布森对一部分人进行调查。他将这些人分为两组：一组是设定好目标，再制定一套行动策略去实现目标的人；一组是没有特别设定目标的人。结果，有目标的那组人，平均每月赚7401美元；没有目标的人，平均每月赚3397美元。正如所料，奋勇向前的那一组人，较有冲劲，积极努力，生活及工作很满意，婚姻很和谐，身体也很好。

事实上，随波逐流、缺乏目标的人，永远没有机会淋漓尽致地发挥自己的潜能。因此，我们一定要做个目标明确的人，生活才有意义。不幸的是，多数人对自己的愿望，仅有一点模糊的概念，而不能明确地总结、贯彻。

美国作家福斯迪克说得好："蒸汽或瓦斯只有在压缩的状态下，才能产生推动力；尼亚加拉瀑布也要在巨流之后才能转化成电力。而生命唯有在专心一意、勤奋不懈的时候，才可获得成长。"不论是个人、家庭、公司或国家，都需要专注的目标。

住在乔治亚州的乔治随父母迁至亚特兰大市时，年仅4岁。他的父母只有小学五年级的学历，因此当乔治表示要上大学时，他的亲友大多不表示支持，但乔治心意已决，最后果真成为家中惟一进大学的人。但是，一年之后，他却因贪玩导致功课不及格，被迫退学。在接下来的6年里，他过着得过且过的生活，毫无人生目标，他多半时候都在一家低功率的电台担任导播，有时也替卡车装卸货物。

有一天，他拿起魏特利的一本著作——《志在夺标》，读完之后，他对自己的看法完全改变，原来自己现在如此惨淡并不是天生能力不足，而是因为没有人生目标，他开始了解到目标的重要性。的确，目标决定我们的未来。

乔治的目标是重返大学，然而他的成绩实在太糟了，以致连遭墨瑟大学拒绝两次。在遭到第二次拒绝之后的一天，乔治无意间撞见院长韩翠丝，他趁机向她表明心志。见他浪子回头，院长答应了他的请求，准许他入学，但有一个附带条件：他的平均分数要达到乙等，否则就要再度退学。

乔治一改过去的散漫态度，以目标明确、信心坚定、斗志昂扬的姿态，重新踏入校门。他每季平均进修20个学分，经过两年零三个月，即以优异成绩取得学位，紧接着再迈向另一个更高的目标。这就是计划性目标的绝妙好处。当他完成第一阶段的目标后，新的目标也会跟着形成，信心将更加坚定，成就会更大，兴趣会更多。

这个伐木工人的儿子终于成为一名博士，他还在全美发展最迅速的教会中担任牧师，教会地点就在费特维尔市，距他成长的亚特兰大仅数分钟车程。

事实上，从乔治自认为是个成功者之后，他的目标便一个接一个出现，他也成为一个筑梦的人。

乔治的成功说明：确定人生目标之后，勤勤恳恳地努力工作，兢兢业业地埋头苦干，就会取得梦想中的成功，改变人生方向。为了攀越人生巅峰，在家庭、事业、生活等方面获得成功，人就必须有志气地活着，有目标地活着，知道自己一辈子应该拥有一个怎样的舞台。

定位越高，成功的可能性越大

因为定位和现实总有距离，所以你对自己的定位可以不必过于"真实"。哪怕有人认为你的想法只是"痴人说梦"，你也大可不必放在心上，毕竟超越了现实的高点定位才值得我们用心去追逐，也才能够真正地发挥出我们的潜能。

人都会有这样的体会：当你决定只走1公里路的时候，在完成0.8公里时，便会有可能感觉到很累而自我松懈，以为反正快到了。但如果你要走10公里的路程，你便会作好思想准备，调动各方面的潜在力量，这样走7、8公里，才可能会稍微放松一点。梦想与现实的关系也同样如此，你的梦想越远大，你为之而付出的努力就会越多，即便达不到自己理想的状态，你也能够取得非凡的成就。

一个具有高远定位的人，毫无疑问会比一个根本没有目标的人更有作为。有句苏格兰谚语说："扯住金制长袍的人，或许可以得到一只金袖子。"那些志存高远的人，所取得的成就必定远远离开起点。即使你的目标没有完全实现，你为之付出的努力本身也会让你受益终生。

几年以前的一个炎热的日子，一群人正在铁路的路基上工作，这时，一列缓缓开来的火车打断了他们的工作：火车停了下来，最后一节车厢的窗户——顺便说一句，这节车厢是特制的并且带有空调——被人打开了，一个低沉的、友好的声音响了起来："大卫，是你吗？"

大卫·安德森——这群人的负责人回答说："是我，吉姆，见到你真高兴。"于是，大卫·安德森和吉姆·墨菲——铁路公司的总裁，进行了愉快的交谈。在长达 1 个多小时的愉快交谈之后，两人热情地握手道别。

大卫·安德森的下属立刻包围了他，他们对于他是墨菲铁路公司总裁的朋友这一点感到非常震惊，大卫解释说，20 多年以前他和吉姆·墨菲是在同一天开始为这条铁路工作的。其中一个人半认真半开玩笑地问大卫，为什么他现在仍在骄阳下工作，而吉姆·墨菲却成了总裁。大卫非常惆怅地说："23 年前我为 1 小时 1.75 美元的薪水而工作，而吉姆·墨菲却是为这条铁路而工作。"

美国潜能成功学大师安东尼·罗宾说："如果你是个业务员，赚 1 万美元容易，还是 10 万美元容易？告诉你，是 10 万美元！为什么呢？如果你的目标是赚 1 万美元，那么你的打算不过是能糊口便成了。如果这就是你的目标与你工作的原因，请问你工作时会兴奋有劲吗？你会热情洋溢吗？"

卓越的人生是高点定位的产物。可以说，定位越高，人生就越丰富，成就越卓绝。定位越低，人生的可塑性越差。也就是人们常说的："定位越高，达成定位的可能性越大。"敢于给自己高点定位吧！敢于给自己一个远大的梦想吧！它不应该退缩在一个不恰当的位置，接受梦想的牵引，你完全可以成就壮丽人生。

不能有所成就，是因为你的灵魂"跪着"

励志大师拿破仑·希尔曾经说过："一切的成就、一切的财富都始于一个意念，即自我意识。"自我意识近乎于一幅"自我肖像"，是一个人对自己的认识、评价和期望。其概念大致包括个人对如下问题的回答：

　　我是个什么样的人？

　　我的个性是什么样的，优点有哪些，缺点又有哪些？

　　我的人生价值在于何处？

　　我有多少未开发的巨大潜能？

　　我期望自己成为什么样的人？

　　我可能达到什么样的人生目标？

　　自我意识是一种思想，一种观念，其本质就是"我属于哪种人"。一般而言，一个人内心自我意识的形成通常源于以下渠道：自己过去成功或失败的经历；他人对自己行为的反应；根据自己与他人的比较所产生的意识；童年经历，等等。

　　自我意识具有强大的力量。一旦某种与自身有关的思想或信念进入这幅"自我肖像"，它往往会变得非常"真实"。之后，我们便很少去怀疑其可靠性，只会根据它来牵引自己的活动，就像它的确是真实存在的一样。

　　所以，一个人把自己想象成什么人，就会按那人的方式来为人处世，最终往往成为那样的人。

　　一个小和尚跪在一尊高大的佛像前，无精打采地诵经读文。长期的修炼并未使他成佛，为此他非常苦闷、彷徨，不知如何改变现状。这时候，一位云游四海的僧人正巧来到这座寺庙。

　　"大师，今日有缘见到你，真是前世造福！"小和尚颤颤巍巍，还来不及站起身，便激动地说，"小僧今日有一事求教，万望大师指点迷津：伟人何以成其为伟人？比如我们面前的这位佛祖……"

　　"伟人之所以伟大，那是因为我们跪着……"大师声如洪钟，气度不凡。

　　"是因为我们……跪着？"小和尚怯生生地瞥了一眼佛像，又欣喜地望着大师,"这么说,我该站起来?"

"是的!"大师向他打了一个起立的手势,"站起来吧,你也可以成为伟人!"

"你说什么?我也可以成为伟人?你……你……这简直是亵渎神灵,玷污伟人!罪过!罪过!"说罢,小和尚赶忙跪下来,双手合十,口中继续念念有词。

小和尚终不能成为一代大师,那是因为他的灵魂是跪着的,他的内心便站不起来。他的自我意识告诉他,面前的佛祖和自己根本就是天壤之别,就算只是一瞬间的想法都是对圣人的亵渎,是一种不可饶恕的罪过。既然他在自己固有的思想中那么卑微,"成为一代圣人"的可能性自然微乎其微。

好比一个人,如果从心理上害怕面对机会或挑战,他就会在行动上畏首畏尾,怕这怕那。他即使不失败,也终难取得成功,充其量只不过是一个泛泛之辈。因为一个不敢给自己高点定位,不相信自己的人是难以突破自我,有所成就的。

高情商的修炼需要我们消除负面消极的自我意识,确立正面和积极的自我意识,惟有正面和积极的自我意识,才能成为我们成功路上的行进指南和马达。

自我意识心理学的一大先驱普莱斯科特·雷奇曾在几千名美国学生中做过一个试验,得出的结论是:如果某学生学习某科有困难,就会认为自己不适合学习这门学科,成绩也不怎么好。然而,如果改变学生的自我观念,其对于这门学科的态度就会发生相应的改变。

例如:一位学生因在 100 个单词中拼错了 55 个,而且其他很多课程都未能及格,以致丧失了一年的学分,但他第二年的各科成绩平均 91 分,成了全校拼写最优秀的学生;另一个男孩因成绩太差而被迫退学,但他进入哥伦比亚大学后却成了全优生;一个女学生的拉丁文考试

4次不及格，在和学校的辅导员谈了几次话后，就以84分的成绩通过了；一位男生被一个考核机构断定为"英语能力欠缺"者，却在第二年荣获学校文学奖的提名……这些学生的问题不在于他们智力是否迟钝或基本能力是否缺乏，而在于他们的自我意识不够积极。他们在"确认"自己的错误和失败时，不是说"我考试失败了"，而是认为"我是个失败者"；不是说"我这门不及格"，而是说"我是个不及格的学生"。通过改变他们的自我意识，他们的学习热情会大大加强，学习能力也会得到相应提高。

一位哲人曾经说过："在你心灵的眼睛前面长期而稳定地放置一幅自我肖像，你就会越来越与它相近。"所以，当你从这面镜子中只看到失败者的自己时，你等于是在走向失败；反之，生动地把自己定位成胜利者，想象成胜利者，就会为你带来无法估量的力量去迈向成功。

高情商的修炼需要积极的自我意识。积极的自我意识不是与生俱来的，而是在长期的积极暗示中形成的。认识到了这一点，你准备要为自己画怎样的一幅自画像呢？是意气风发的成功者，还是消极沮丧的颓废者？要知道，伟大的人生是以你对自己的定位——你希望自己是一个什么样的人，希望获得怎么样的成就——作为开端的。

永远都要坐第一排

"永远都要坐第一排"是一种积极的人生态度，是敢于给自己高点定位的勇气，这页是前英国首相玛格丽特·撒切尔夫人的一条人生经验，也是她取得一生巨大成就的关键。撒切尔夫人正是在她的学生时代，养成了这种"永远都要坐第一排"的积极态度。

20世纪30年代，英国一个不出名的小镇里，有一个叫玛格丽特的姑娘，自小就受到严格的家庭教育。父亲经常向她灌输这样的观点：无论做什么事情都要力争一流，永远在别人前头，而不能落后于人。"即使坐公共汽车，你也要永远坐在前排。"父亲从来不允许她说"我不能"或"太难了"之类的话。

对于年幼的孩子来说，父亲的要求可能太高了。但他的教育在以后的年代里被证明是非常宝贵的。正是因为从小就受到父亲的"残酷"教育，才培养了玛格丽特誓不失败的决心和积极向上的信心。

在以后的学习，生活或工作中，她时时牢记父亲的教导，总是抱着一往无前精神和必胜的信念，尽自己最大的努力克服一切困难，做好每一件事情，事事必争一流，以自己的行动实践着"永远坐在前排"的誓言。

玛格丽特在上大学时，学校要求学5年的拉丁文课程。她凭着自己顽强的毅力和拼搏精神，硬是在一年内全部学完了。令人难以置信的是，她的考试成绩竟然名列前茅。玛格丽特不光在学业上出类拔萃，她的体育、音乐、演讲也是学生中的佼佼者。她当年的校长这样评价："她无疑是我们建校以来最优秀的学生，她总是雄心勃勃，每件事情都做得很出色。"

正是因为如此，40多年以后，英国乃至整个欧洲政坛上出现了一颗璀璨耀眼的明星，她就是连续4年当选英国保守党领袖，并于1979年成为英国第一位女首相，雄踞政坛长达11年之久，被政界誉为"铁娘子"的玛格丽特·希尔达·撒切尔夫人。她使英国在经济、文化和政治生活上都发生了巨大的变化。直到今天，撒切尔夫人对英国的影响力仍然存在，不只是在英国国内，就是在整个国际社会，她都被视为是一位强有力的领导人，同时她也在很大程度上使得外界改变了他们对妇女的印象。

在这个人才辈出，竞争激烈的世界上，想坐在头一排的人不少，真正能坐在前排的人却总不会很多。许多人所以不能坐到"前排"，就是因为他们把"坐在前排"仅仅当作一种人生理想，而没有真正付诸具体行动。

"你用不着跑在任何人后面！"一旦你从内心决定要得第一，那么你就会有更大的动力。你一定要学学理查·派迪和基安勒，相信自己是第一。一个连自己都不相信的人能指望别人相信吗？鼓舞你的人恰恰是你自己。

理查·派迪是运动史上赢得奖金最多的赛车选手。当他第一次赛完车回来向他母亲报告赛车的结果时，那情景对他的成功影响很大。

"妈！"他冲进家门叫道，"有35辆车参加比赛，我跑第二。"

"你输了！"他母亲回答道。

"但，妈！"他抗议道，"您不认为我第一次就跑个第二是很好的事吗？特别是这么多辆车参加比赛。"

"理查！"她严厉道，"你用不着跑在任何人后面！"

接下来的20年中，理查称霸赛车界。他的许多项纪录到今天还保持着，没被打破。他从未忘记他母亲的教诲："理查，你用不着跑在任何人后面！"

是的，"你用不着跑在任何人后面！"一旦你从内心决定要得第一，那么你就会有更大的动力。

在生活中你敢不敢说"我是第一"？很多人都喊的出，可是做到的人却寥寥无几。为什么做到的人少呢？因为他们并不是真心渴求第一。为什么一定要争第一呢？因为只有我们敢于给自己定位第一，才能挖掘出自己的潜能，迸发最强烈的认识热情，从而真的夺得第一，而不敢把自己定位第一的人，做事就不会全心全意，又怎么能拼过别人呢？无数人尊敬的成功者，都定位自己是第一，并将自己的誓言实现。记住！生活需要第一。

人穷志不可短

据说民间有一种捕猴子的方法：在一块木板上挖两个洞，刚好够猴子的手伸进去。木板后面放一些花生。猴子看见花生，就伸手去抓。结果，抓了花生的手紧握成拳头，无法从洞里再缩回来，木板成了一块活生生的枷锁。猴子就这样紧紧抓着他的花生，被人轻而易举捉去。

可怜的猴子！它之所以这样，是因为它太缺食物，把食物看得太重了。穷人的状况也往往如此。穷人最缺的是什么？是钱！缺钱给穷人带来深重的苦难，钱就成了穷人生活的重心，成了一个巨大的诱惑，他没法不看重。然而对钱过分关注，就容易忽视钱以外的东西，结果，穷人所得甚少，失去甚多。

缺钱带来的精神上的损害，往往比物质上的匮乏更加可怕。

杰克·伦敦在小说《热爱生命》里，写了一个迷途者的故事。这个不幸的人独自在荒野挣扎、饥饿、疲劳、孤独、绝望，还有一匹和他同样饥饿、同样疲惫的老狼，一直跟着他，等着他倒下。然而最终不是狼吃掉了他，而是他吃掉了狼。小说的结尾是，这个人终于回到船上，吃了很多，成了胖子，却还惶惶恐恐地储藏面包，以至于已经干瘪的面包塞满了船舱的各个角落，他仍然情不自禁地四处收集。

穷人的生存能力很强，他战胜艰难困苦的毅力确实令人感动，但他竭尽全力得到的，或许只是一堆干瘪的面包而已。

饿怕了的人常常养成饥饿思维，抓住一块面包便不肯松手，即使已经吃饱，还是忍不住囤积，生怕重新回到饥饿的日子。人只有一双手，既然抓满了面包，便腾不出手来抓其他东西，结果再努力也只能解决温饱问题。

穷人缺钱，很容易陷入恶性循环。没有钱，就难有大的作为，只能为柴米油盐操心；没有钱，就不敢放弃手里这块面包，去追求更多更好的东西；没有钱，就进不了有钱人的圈子，就只能在穷人堆里混。身居底层，便很难高瞻远瞩，于是穷人目光短浅，总是错过机会，一生都在仰望别人，为别人的事业添砖加瓦。穷人的无奈，只有穷人自己能够体会，缺钱就没有事业的基础，缺钱得不到良好教育，缺钱影响心态，缺钱更进不了上层圈子……总之，缺钱的后果不仅是影响到生计，更重要的是影响到心态和眼光，影响到为人处世的方法，影响到人的整个前途。

缺钱还可能导致缺志。只有小算计，而无大志向，眼光盯着琐碎的日常生计，激情消耗在太具体的事情上，鸡毛蒜皮，婆婆妈妈，得小惠而大喜，还以"知足常乐"自我麻痹。久而久之，穷人不仅缺钱，整个人的精神也变软了。

武汉有个以收破烂为生的人，名叫张天。有一天他突发奇想：收一个易拉罐，才赚几分钱。如果将它熔化了，作为金属材料卖，是否可以多卖些钱？于是他把一个空罐剪碎，装进自行车的铃盖里，熔化成一块指甲大小的银灰色金属，然后花了600元在市有色金属研究所做了化验。化验结果出来了，这是一种很贵重的铝镁合金！当时市场上的铝锭价格，每吨在14000元至18000千元之间，每个空易拉罐重18.5克，54000个就是一吨，这样算下来，卖熔化后的材料比直接卖易拉罐要多赚六七倍的钱。他决定回收易拉罐熔炼。

从收易拉罐到炼易拉罐，一念之间，不仅改变了他所做的工作的性质，也让他的人生走上另外一条轨迹。

为了多收到易拉罐，他把回收价格从每个几分钱提高到每个一角四分，又将回收价格以及指定收购地点印在卡片上，向所有收破烂的同行散发。一周以后，张天骑着自行车到指定地点一看，只见一大片货车在等待他，车上装的全是空易拉罐。这一天，他回收了13万多个，足足二吨半。

他立即办了一个金属再生加工厂。一年内，加工厂用空易拉罐炼出了240多吨铝锭，3年内，赚了270万元。他从一个"收荒匠"一跃而为企业家，成了百万富翁。

一个收破烂的人，能够想到不仅是收，还要改造收来的东西，这已经不简单了。改造之后能够送到科研机构去化验，就更是具有了专业眼光。至于那600元的化验费，得收多少个易拉罐才赚得回来哟，一般的收荒匠是绝对舍不得的，这就是投资者和打工者的区别。虽然是个收荒匠，却少有穷人的心态，敢想敢做，而且有一套巧妙的办法，这种人，他难道会永远是穷人吗？

穷人也有穷人的希望，穷人也有穷人的优势。穷人所有的，也许正是富人所缺的。富人富不过三代，穷人也穷不过三代，世界总是在运动中达到平衡。所以，穷人不能放弃希望，不能不想着追求财富，更不能停止改变现状的思索，穷人更要知道穷的原因，更要找到路在哪里。

用梦想提升人生的境界

梦想就是人生的一种定位，是自我对未来的期许，有梦想的人就是敢于对自己高点定位的人，而没有梦想，你的人生定位也是不清晰的，未来也难免晦暗不明。

美国作家兼政治家兰斯顿·休斯曾说，紧紧抓住梦想，因为梦想若是死亡，生命就像折断翅膀的鸟儿，再也不能飞翔。紧紧抓住梦想，因为梦想一旦消亡，生活就像荒芜的田野，雪覆冰封，万物不再生长。

李阳，一个英语常常不及格、从未受过英语专业训练的年轻人，后来竟然成为著名的英语新闻播音员、"万能翻译机"、英语口语教育专家，成为一个始终梦想着"在中国普及英文，向世界传播中文，让中文和英文成为并行于世界的两大主流语言"的青年新锐。当记者采访他：现在如果要给年轻人一些忠告，您会说什么？

李阳回答说：年轻人最重要的是要敢于梦想。未来的社会是什么样子，自己的未来是什么样子，一定要有清晰的设想。我20岁以前发过誓的事情没有一件能做到的。但我有自信，自信让我一直坚持，在坚持一段时间之后，人生都会有或多或少的突破。任何人都会在社会上找到位置，任何人都会过上一种丰富的、成功的生活。

高位截瘫、身残志坚的张海迪说过："人们为什么爱海迪，那是因为在她身上有面对疾病和困难的勇气，这一点也是我今生的自豪，也许别的方面我还做得不够，但是我相信自己是一个坚强、勇敢的女性，不管什么时候都不要放弃自己的梦想和追求，不放弃每一份的努力，回想过去，我没有白白度过生命的每一程。"

梦想是对现实的突破，有了它，生命才有意义，生活才会多彩。人类所具有的种种力量中，最神奇的莫过于怀有梦想的能力。有伟大梦想的人，即使前方荆棘满布，也不能挡住他前进的脚步。

不要以为梦想只是儿童的事，其实梦想对于人的一生都很重要。梦想为人生润色，是人们努力的目标和方向，即使不能实现，也能给我们带来无限的遐想。没有梦想的人就只能日复一日机械地生活、学习，哪有丝毫乐趣可言；没有梦想，人们的生命便不会有澎湃的海浪，只如一潭死水，任其干涸死亡。拥有梦想，拥有希望，一切都会变得很美好。

要把梦想变成事实，全靠我们自己的努力，只有付出不懈的努力，才可以使梦想实现。人不仅要有梦想，更要激励自己去实现梦想。当你拥有梦想，它就会像一枚指南针，指引人们走上光明之路。追求可以从旧走到新，坚持可以从梦走到真，你的追求愈执著，成功就离你愈近。

美国第三届总统杰菲逊说过："当你有一个伟大的主意时，就去做吧。"拥有梦想，付诸行动，成功的希望至少有50%，但如果你的好主意和奇妙构想只停留在嘴上，成功的机会就很渺茫。松下电器创始人松下幸之助就是一个认准了方向就果断追求的人。

1910年10月，当时正值日本明治维新之时，欧美各国新的交通工具与先进技术都逐渐输入日本。电车是其中令人注目的交通工具。松下幸之助喜好预测、推想和分析，有先见之明，认为各路电车一旦完成通车，自行车的需求就会减少，将来这类行业不容乐观，相反，与电车相关的电气事业因为能满足人们的迫切需要，日后一定能兴盛起来。

想到做到，松下幸之助毅然辞去了人人羡慕的五代自行车店的工作，来到大阪电灯公司当了一名安装室内电线的练习工。尽管他对电的知识一窍不通，但由于喜欢，所以学起来得心应手，很快便掌握了安装和处理技术，并成为了熟练的独立技工。由于工作出色，1911年，他被晋升为工程负责人。

在工作中，松下幸之助改良并试制出了一种新式产品，可是上司却对此付之一笑。松下幸之助为自己的发明遭到冷遇感到惋惜和不服，他感到，即使在自己向往的电灯公司也不能使自己的志向和才能得到充分施展，唯一的办法是另立门户，自己创业。于是他在大阪市一个叫猪饲野的地方租了一间不足10平方米的房间，开办了一家小作坊，职工共有5人，包括他们夫妇及内弟井植岁男（后成为三洋电机公司的创始人），产品便是松下幸之助发明的新式电灯插口。这就是闻名全球的松下电器公司的最初模样。

小工厂成立后，等待松下幸之助的不是开市大吉而是一度失败。1917年10月，电灯插口制作成功，但10天内仅卖出100个，营业额不足10日元，不仅没有盈利，连老本也赔光了，他的妻子只得靠把衣物送进当铺度日。

松下幸之助并没有被眼前的困难吓倒，因为他相信，自己的努力一定能带来真正有价值的东西。同年底，机会来了，川比电气电风扇厂让松下幸之助替该厂试制1000个电风扇用的绝缘底盘。这对困境中的松下幸之助来说，恰如旱苗得雨，他反复试验，解决了技术难题，又与妻子、内弟一起日夜奋战，在年关迫近时如期交了货，且质量赢得好评。结果，松下幸之助在年底获得了不错的盈利。

1918年3月，松下幸之助在大阪市北区西野田成立"松下电气器具制作所"，从而开始了他辉煌的商业生涯。经过几十年的艰苦经营，松下幸之助终于使自己的企业成为以生产电子产品为主的国际性的企业集团。松下幸之助从白手起家变成了连续几十年蝉联的"日本最高额纳税人"。

从松下幸之助的故事中可以看出，坚持自己认准的事做下去，尽管会遇到许多困难，但付出终有收获，所以只要你认准了，就别再犹豫，朝着你的梦想执著地追求吧。

人成长到一定年龄，总会感觉到时间的快速，似乎凡事都在"一瞬间"发生，走过的岁月旅程也都在"一瞬间"消逝无踪，留给自己无限唏嘘。如果我们不紧紧追随梦想，那么落下之后就再也追不上了。

人生因为有梦想而精彩。没有梦想的人生，犹如死水一潭。一个有梦想，愿意追逐梦想的人，才不会辜负这一生一世的美好时光。有梦想推动的人生，为自己定位的基点才会更高，生存的境界才会一步步提升。

不懈攀登的生活更有意义

在完成定位的途中，有的人放弃，有的人半途而废，而有的人则一直攀登，不达目标，誓不罢休，也只有这样的人，他对自己的定位才能成功、才有意义，他的人生也才有意义。

在放弃者、半途而废者和攀登者这三种人中，只有攀登者的生活是全面的。半途而废者仅仅达到了基本的物质生活，还处于生活的基层，离全面的生活还很远。但是，攀登者就不一样了，他们对自己要去干的事情具有很深刻的目标意识，并且具有很强的热情，两者无时无刻不引导着他们。他们知道如何体验快乐，并且把攀登看做是生活对他们的礼物和恩赐。攀登者知道山的顶峰不一定有最美的风景，但它具有一种神秘的、诱人的力量，而不是单纯的一个顶峰。就是这种力量吸引着攀登者超越自我、抵达峰巅。

攀登者注重的是长期的收益，而不是短期收益。他们知道现在每向前跨一小步，向上攀登哪怕一点距离，在日后都会给他们带来很大的收获。这与半途而废者是完全不同的。攀登者把丰收放在了将来，而不像半途而废者仅仅对现状满足，并不敢去面对未来的可能性。

攀登者常常有一种强烈的信念，即相信某些事比他们自身更强大，这些更具有力量的事物正是他们想去征服的。当他们面对那些具有压倒一切以及巨大威慑的山峰时，这种信念就会让他们充满巨大的力量，敢于向最大的危险挑战，并且这也是他们希望的事情。也正是这种信念使攀登者敢于做别人不敢做的事，像登山一样，有人已经确定了某些路线是不能走的，但是攀登者并不相信这些，他们偏要从这些路线攀上顶峰，可见，攀登者不仅敢于向可能性挑战，而且更重要的是，他们敢于向不可能性挑战。战胜不可能性，并获得真正的胜利，这是攀登者最大的特点。

　　攀登者都是坚持不懈的，他们具有极强的体力和恢复能力。他们在进取中不断排除障碍，找寻攀登的道路。如果他们到了一个绝对无法把握的地方或者走到一条死路上，他们的方法很简单，就是原路退回。当他们累了，无法再向前跨上一步，他们仍然给自己施加很大的压力。"放弃"不属于攀登者的词语，他们是离放弃最远的人。他们具有成熟性，以及理解偶尔的后退不过是为了更好地前进这一道理。他们拥有超人的智慧，当然明白失败是进取的很自然的一部分。攀登者并不是蛮干的，他们的生活充满着真正的勇气和科学性。他们是生命的探索者。

　　当然，攀登者也是人。有些时候，他们也会感到厌倦，甚至担心失败；他们也会对自己的行为提出了疑问，也会怀疑自己，或者感到孤独、受到伤害。有时，你会看到他们与半途而废者混在一起。然而他们之间不同的是，攀登者正在积蓄力量，等待重新恢复活力，并将开始新的攀登，而半途而废者却只希望自己一直待在营地。

　　攀登者善于迎接挑战，与他们的生活紧紧相连的是一种紧迫意识。他们自我鼓励，具有很高的精神动力，并且努力奋斗以获得生命的辉煌。可以说，攀登者就是行为的催化剂，他们总是让事情得以发生。

　　生活中的"攀登者"总具有远见卓识，他们常常能够鼓舞人心。有时，他们也能成为一个好的领导者。甘地——一位印度的精神领袖，他把自己无畏地贡献给了自由与美好生活，正因为这样，他才成为整个国家的领导者。甘地就是一个不懈的攀登者，他的事迹持续不断地鼓舞着这个世界。

　　美国诺特拉·丹蒙足球队的教练劳·荷尔兹有一段传奇，他是从来都不能容忍借口和不行动的。荷尔兹在少年时很穷，也很凄惨，并且患有严重的口吃，他非常害怕在公共场所讲话，甚至到了不敢去上口语课的程度。

  一天，他找到了并学会了给自己确定人生目标的力量，他为自己确定了107个目标，其中包括：与美国总统进餐、漂流沱河、会见波普、跳伞中尽量延长张伞的时间、做诺特拉·丹蒙队的教练、得年度冠军和锦标赛冠军等等。今天，荷尔兹已经完成了他107项目标中的98项。他超越了自己，获得了荣誉，创造了奇迹，不仅战胜了对自己不利的逆境，还战胜了许多我们认为不可能战胜的东西。

  "立即干"、"做得最好"、"尽你全力"、"不退缩"、"我们能产生什么"、"总有办法"、"问题不在于假设，而在于它究竟怎样"、"没做并不意味着不能做"、"让我们干"、"现在就行动"。这些都是攀登者热爱的语言。他们是真正的行动者，他们总是要求行动，追求行动的结果，他们的语言恰恰反映了他们追求的方向。

第三章　定位高远，才能立于不败之地

> 一个人如果一直认为自己很幸运，很了不起，什么都不用愁了，忘了居安思危，失去了进取之心，就会一直原地踏步，甚至被人遗忘。人无远虑，必有近忧，社会总在变化之中，也要求我们不能满足现状，应该时刻进取，勇于学习，超越一秒钟前的自己。否则就有被淘汰的危险。

要么进取，要么出局

定位高远就是要积极进取，这个世界本来就是一个多变的世界，只有勇于进取，才能适合世界的变化，才能更好地生存。这是一条非常重要的生存法则。洛克西德·马丁公司董事长诺曼·奥古斯丁说："世界上只有两类企业：一类在不断进取，另一类被淘汰出局。"

21世纪是一个变革的世纪。惟有变革，改变以往的思维模式和管理模式才有可能让企业更好地生存，而不会成为一只休克鱼，慢慢地被别人吃掉。为什么世界500强中有1/3企业销声匿迹？"我们公司的传统已经有年头了，时代发展了，我们还是老样子。"没有适应时代的改变，所以才被时代所淘汰。

时代的进步，就是要不断地淘汰那些跟不上时代的不适用的机器、陈腐的思想以及不适应时代发展的制度和方法。

不久以前，英国政府出售三十一艘近代的战舰，售价共一千五百万英镑，还抵不上造价的百分之五。这些战舰，年代还不算长，但造船业的进步，使它们相形之下已经落伍了。

今日还算是最新的机器，但在五年之后，恐怕就要被前进的厂主送进回收站去了！要么进取，要么出局，对于一家企业如此，对于一台机器如此，对于一个人，更是如此。有些事业小有所成的人，对于实现目标，已不再像过去那样感到刺激和兴奋。努力的方向不再明确，产生了"刀枪入库，马放南山"的思想，那么他们的结果只有一个——出局。

要么出局，要么进取。惠普公司的 CEO 卡莉·菲奥里娜就深知其中的道理。在她上任之时，惠普公司正面临着很大的困境，已经到了被市场淘汰的边缘。卡莉深知，惠普要摆脱现状，就要完全改变这个公司，只有改变才能让惠普摆脱危机，继续生存和壮大。

惠普公司的老传统根深蒂固地存在于惠普员工的心中，变革意味着剔除掉员工脑子里原来一些停滞的不再发挥效力的思想，注入新的思想和新的理念，这并不容易。因为习俗的势力太大，容易阻碍变革，舒适的事物使人感到舒服难舍，而且变革势必会影响一些人的利益。卡莉力排众议，在惠普公司进行了大刀阔斧的变革，购并康柏公司之后，这种变革的步伐更大了。2002 年，惠普公司一跃成为 IT 业的老二。卡莉的进取精神，终于使惠普摆脱困境，度过了被淘汰的危机，取得了卓越的成就。

后来，卡莉说："我认为董事会之所以挑选我担任惠普的 CEO，就是因为惠普作为一家高科技企业已经到了需要改变的时候了。当时的惠普已经在许多重要的方面都落后于其他科技企业了，在出局和进取之间，我们只能选择进取，我们成功了！"

衣服、车子、房子……一切事物随着岁月的流逝都会不断折旧，但是，你有没有想过，你赖以生存的知识、技能也一样会折旧。在风云变幻的职场中，脚步迟缓的人瞬间就会被甩到后面。

美国职业专家指出，现在职业半衰期越来越短，所有高薪者若不学习，无需3年就会变成低薪。就业竞争加剧是知识折旧的重要原因，据统计，25周岁以下的从业人员，职业更新周期是人均一年零五个月。当10个人只有1个人拥有IT行业初级证书时，他的优势是明显的，而当10个人中已有9个人拥有同一种证书时，那么原有的优势便不复存在。所以，未来的社会只有两种人：一种是不满足于现状，努力进取的人，这种人将是时代的宠儿；另一种则是安于现状的人，终将被时代所抛弃。

不满足于现状可以帮助你不断获取新的成功。生活的目标是没有界限的，唯一的界限是继续前进还是停止不前，甚至放弃，关键是否坚持"向上爬"这一信念。

凡在事业上取得终身成就的人，无不是抱着"努力进取"的信念奋力前进的人。他们达到一个目标后，又接着设定下一个新目标，再度接受挑战，完成这个目标。过去的梦想实现后，又抱着新的梦想，向更大、更能专心投入的目标努力迈进。

他们对生活、工作和获得成功永远能感受到相同的喜悦，始终保持旺盛的斗志，日新月异、精力充沛地昂首向前，不论在任何时刻都不会丧失热情和创造力。对他们来说，"目标都已达到"这种情况是不存在的，换句话说，他们无时无刻不在为自己新的目标奋斗不懈。

超越一秒钟前的自己

美国通用公司总裁杰克·韦克奇认为"员工的成功需要一系列的奋斗，需要克服一个又一个困难。虽然不会一蹴而就，但是拒绝自满可以创造奇迹。所以我们要时刻准备着超越一秒钟前的自己"。

是的，如果你能做到超越一秒钟前的自己，你又怎么会流于凡俗，你又怎能不对自己定位更高，你又怎么会成功不了呢？

十年前的中学同学，你们自身的经历或许可以很好地说明这个问题。当年有些人受到命运之神的眷顾，进入了大学的殿堂，而有些人却没能得到命运的垂青，与大学失之交臂。而今呢，那些昔日的幸运者，有的也许仍然平平常常，固守自己的职位，数年来没有什么变化。而当初的失意者却有的还真是干出了名堂，有的已经成为老板，有的官运亨通。

年轻的彼尔斯·哈克是美国 ABC 晚间新闻当家主播，他虽然连大学都没有进过，但是却把事业作为他的教育课堂。最初他当了 3 年主播后，毅然决定辞去人人艳羡的主播职位，到新闻第一线去磨练，干起记者的工作。他在美国国内报道了许多不同路线的新闻，并且成为美国电视网第一个常驻中东的特派员，后来他搬到伦敦，成为欧洲地区的特派员。经过这些历练后，他重又回到 ABC 主播的位置。此时，他已由一个初出茅庐的年轻小伙子成长为一名成熟稳健又广受欢迎的记者。

一个永远不满足自己的现状，拼命改变自己的命运人，所以他能不断有所长进。而另一个则以为自己很幸运，很了不起，什么都不用愁了，忘了居安思危，失去了进取之心，所以一直原地踏步，甚至被人遗忘。

自满是对工作有极大负面效应的性格。很多员工在没有一点成就的时候，刻苦努力，像老黄牛一样踏踏实实地劳作；而一旦有一天取得一点成就之后，就欣喜若狂、得意忘形。这种容易满足的习惯只能让自己重新回到以前，甚至变得一塌糊涂。

美国老牌流行歌手麦当娜在这方面就感受很深。处在流行工业最前线的唱片业10年来，每年都有前赴后继的新人，以数百张新专辑的速度抢攻唱片市场，稍不留意就被远远地抛在后面。麦当娜觉得："老不是最可怕的，未老已旧才是最悲哀的事。"所以，面对推陈出新的市场，不断学习和创新才能不被抛出轨道，"我是个容易忧虑的人，每天都觉得自己不行了"，这样的忧虑是进步的动力。

社会的变化太快，长江后浪推前浪，如果你在原地踏步，社会的潮流就会把你抛在后头，后来之辈也会从你后面追赶过去。相比起来，你的"小小成就"在一段时间后根本就不是成就，甚至还有被淘汰的可能。比如在十年二十年前，大学生确实稀罕，而现在呢？到处都是。所以，我们要时刻进取，勇于学习，超越一秒钟前的自己。

有句古老的名言："一个人的思想决定一个人的命运。"不敢向高难度的工作挑战，是对自己潜能的画地为牢，只能使自己无限的潜能化为有限的成就。

一个人不善于拔高自己，就不能超越别人，总是自以为是地找到"合理的借口"，这是一种非常致命的人性弱点。相反，拒绝借口，一定要高于他人，则是成为一个强者的最大动力。

传奇的码头工人哲学家埃里克·霍弗深信："在瞬息万变的世界里，惟有虚心学习的人才能掌握未来。自认为学识广博的人往往只会停滞不前，结果所具备的技能没过多久就成了不合时宜的老古董。"

"人生有涯，而知识无涯"。不管你有多能干，你曾经把工作完成得多么出色，如果你一味沉溺在对昔日表现的自满当中，"学习"便会受到阻碍。要是没有终生学习的心态，不断追寻自身所处领域的新知识以及不断开发自己的创造力，你终将丧失自己的生存能力。因为现在的职场对于缺乏学习意愿的员工很是无情。员工一旦拒绝学习，就会迅速贬值，所谓"不进则退"，很容易就会被抛在后面，被时代淘汰。

所以，不管你曾有过怎样的辉煌，你都得对职业生涯的成长不断投注心力，学习、学习、再学习，千万不要自我膨胀到目中无人的地步，要开放心胸接受智者的指点。及时了解自己亟待加强的地方，时时保持警觉，更好地发挥自己的才能，让自己的工作随时保持在巅峰状态。

一个人不满足目前的成就，积极向高峰攀登，就能使自己的潜能得到充分的发挥，就像原本只能挑一百斤重担的人，因为不断的练习，就可能突破原来的极限，挑起一百二十甚至一百五十斤的重担！集沙才能成就高塔，进步是一点一滴不断努力得来的。所以，我们要时刻进取，时刻提高自己，改变一秒钟前的自己，你的前景将无比光明！

动了你的奶酪，那就继续寻找

"谁搬走了我的奶酪？"是一本广为流传、很有意思的书，故事很简单，说的是二只小老鼠和二个小人的故事，可对读者的思想冲击却不小。

他们住在一座可以无限供应奶酪的迷宫里，不过奶酪藏在迷宫的某一个角落，二只小老鼠是凭着直觉去找；二个小人则是凭着分析和推理去找，他们花了很大的工夫终于找到一座看上去可以吃不完的奶酪山，于是他们连住的地方都搬到奶酪山的附近，日复一日，过的很快乐。

直到某一天，奶酪山不见了。两只小老鼠立刻决定去找下一座奶酪山；但是两个小人却被"奶酪消失"的景象震撼住了，他们不断问自己以及相互讨论"谁搬走了我的奶酪？"其实，奶酪不是他们的，只是长期下来，他们早已认定奶酪是他们的，所以，他们不能接受"谁有权力搬走了我的奶酪"这个事实。

日子在困惑中一天天过去，其中一个小人决定接受这个事实，去找下一座奶酪山。可是他的朋友不愿意，还是坐在原来的地方，希望"搬走奶酪的人"会将奶酪山"还给他"。

出去找奶酪的小人，在路途中几度因为不确定"能否找到奶酪山"而动摇，但是他却发现：当一个人摆脱了自己的恐惧，就会觉得无比的畅快和舒适！虽然那时他还没有找到奶酪，但是他不再为过去曾经拥有又失去奶酪山而感到痛苦。

最后他终于找到了新的奶酪山，也见到了那两只小老鼠。两只智慧的小老鼠，因为早就发现旧的奶酪山有越来越少的现象，所以，当旧奶酪山消失时，它们毫不犹豫的开始寻找下一座。

然而，当这个小人兴高采烈地带着新的奶酪找到他的朋友——守在旧奶酪山的那个小人时，他的朋友却拒绝吃新的奶酪，因为他仍然想吃到旧的奶酪，仍然希望"拿走奶酪山"的人有一天会"还给他"。

这个故事对你是不是有一些启发性呢？"谁搬走了我的奶酪？"是每个人每天常常问自己的问题。当你的事业受阻时，你会问；当你的爱情失去时，你也会问；当你家庭出了问题时，你也会问。

每个人都应该有变化的意识，细读此书，定会受益非浅。迷宫中的两个小老鼠和两个小人对待奶酪的不同态度，蕴涵着极其深奥的人生哲理，让人百看不厌。你的奶酪随时都会有人动，那你也要随着奶酪变化而变化。

奶酪自然就代表了我们最想得到的东西。生活在这样的一个快速多变、充满危机的时代，每个人都有可能面临与过去完全不一样的境遇。其实失去并不可怕，因为没有什么东西是天长地久，亘古不变的。而且"塞翁失马，焉知非福，"或许走出一个圈子，你发现了一个更美好的世界，发现其他新鲜的"奶酪"。

既然变化是一种必然，那么我们要做的事就是在变化发生之前，做好相应的准备，包括行动准备和心理准备。与其感时伤怀，不如从头再来，一切都还赶得及！

只有进取才能帮你由弱转强

进取心是一个想要摆脱困境、成就事业的人不可缺少的品德，它能驱使一个人未被吩咐去做什么事之前，就能主动地去做应该做的事。成功学家胡巴特对"进取心"做了如下的说明："这个世界愿对一件事情赠予大奖，包括金钱与荣誉，那就是'进取心'。"

1968年，也就是曼狄诺在44岁时，他写出了《世界上最伟大的推销员》一书，该书一经问世，即以二十二种语言风靡全球。

奥格·曼狄诺1924年出生在美国东部的一个平民家庭。在28岁以前，他是幸运的，完成了学业，有了工作，并娶了妻子。但是后来，面对人世间的种种诱惑，由于自己的愚昧无知和盲目冲动，他犯了一系列不可饶恕的错误，最终失去了自己一切宝贵的东西——家庭、房子和工作，他近乎于赤贫如洗。于是，他开始到处流浪，寻找自己并寻找赖以度日的种种答案。一次，他去教堂做弥撒，认识了一位受人尊敬的牧师，也许是由于他苍白的脸庞和忧郁的眼神，牧师同他展开了交谈，并解答了他提出的许多困惑的人生问题。临走的时候，牧师送给他十二本书，让他从中找到了做人的道理。

从此，曼狄诺开始焕发出前所未有的生活热情和勇气。在以后的日子里，他当过卖报人、公司推销员、业务经理……在这条他所选择的道路上，充满了机遇，也满含着辛酸，他已战胜了自己，因为他拥有了一种进取的力量，他认为一个人要想做成大事，绝不能缺少进取的力量，因为进取的力量能够驱动你不停地向上提高自己的能力，把成大事者的天梯搬到自己的脚下。在这种力量的驱使下，终于在35岁生日的那一天，他创办了自己的企业——《成功无止境》杂志社，从此步入了富足、健康、快乐的乐园，并在44岁的时候出版了《世界上最伟大的推销员》一书。后来有人问曼狄诺为何会走向成功？他斩钉截铁地回答说："因为我的身上有一股进取的力量，这股力量的来源就是我有一颗进取的心。"

对于一个人的生命来说，没有什么比我们的进取心更重要的了。如果我们的态度是消极而狭隘的，那么，与之对应的就是平庸的人生。而如果我们能以高于普通人的眼光来看待自己，要求自己、培养自己，我们会收获成功，由弱变强。没有进取心，得过且过，我们只能永远是一个小职员。我们必须希望自己能拥有更高的职位，以督促自己努力得到它，否则，我们永远也得不到。不要怀疑自己有实现目标的能力，只要我们敢于憧憬未来，积极努力，我们就是在向着目标前进。

进取与成功有约

在争取成功的过程中，决不应低估了进取心的重要性。进取心是为了战胜失败而必须培养的品质之一。个人进取心，是实现目标不可缺少的要素。它会使你进步，使你受到注意而且会给你带来不断成功的机会。

1948年，牛津大学举办了一个"成功秘诀"讲座，邀请到了当时声誉已登峰造极的伟大的邱吉尔来演讲。

邱吉尔用手势止住了大家雷鸣的掌声后，说："我的成功秘诀有三个：第一是，决不放弃；第二是，决不、决不放弃；第三是，决不、决不、决不放弃！我的讲演结束了。"说完就走下讲台。

会场上沉寂了一分钟后，才爆发出热烈的掌声，经久不息。这掌声不仅是对这位伟大的政治家、外交家的尊敬，更是对这位伟大人物进取精神的一种褒扬。

永葆进取心，追求卓越，永远是成功人士的信念。它不仅造就了成功的企业和杰出的人才，而且促使每一个努力完善自己的人，在未来不断地创造奇迹。

每一个成功者都有着勇往直前，不满足于现状的进取心。当一个人具有不断进取的决心时，这种决心就会化作一股无穷的力量，这种力量是任何困难和挫折都阻挡不了的，凭着这股力量，他会不达目的绝不罢休。当他们面对具有巨大威慑的山峰时，这种进取心就会让他们充满巨大的力量，敢于挑战最大的危险，敢于做别人不敢做的事。攀登者不仅敢于向可能性挑战，而且敢于向不可能性挑战。而这种挑战就是成功的进取心所驱动的。

莫德克·布朗的成功经历，完美地诠释了进取心与成功之间的联系。莫德克是美国棒球界历史上最伟大的投手之一。他从小就决心要成为棒球联盟的投手。

可是上帝并没有因为他的决心就将幸福降临到他的头上。他小的时候在农场做工的时候，有一天手被机械夹住，失去了右手食指的大部分，中指也受了重伤。

你要知道，对于一个投手，失去手指意味着什么。成为全棒球联盟最好的投手，在这个事件之前是完全可能的。可现在，手变成这样，这个梦想好像永远只能是幻想了。

可是这位少年不这样想，他完全接受了这个不幸的事实，尽自己最大的努力，学会用剩余的手指投球，终于成为地方球队的三垒手。

有一天，莫德克从三垒传球到一垒，教练刚好站在一垒的正后方，看到旋转的快速球划着美妙的曲线进入一垒手的手套里，惊叹道："莫德克，你是天才投手。球控制得太出色了，球速也快。那种会旋转的球，任何击球手都会挥棒落空的。"

莫德克投的球速度快，又有角度，上下飘浮，然后进入捕手手套的中央。击打者都束手无策。莫德克将击球手一个个三振出局。他的三振纪录和成功投球的次数都很了不起，不久便成为美国棒球界最佳投手之一。

正是受伤的手指，也就是变短的食指和扭曲的中指，使球产生了刁钻诡异的角度和旋转。少年莫德克之所以能成功地实现自己的梦想。正是靠着一股永远进取的精神才取得了成功。

对于一个有进取心的人来说，他即使屡遭失败但仍然十分努力。"成功的大小不是由这个人达到的人生高度衡量的，而是由他在成功路上克服的障碍的数目来衡量的。"

一些人缺乏努力进取的精神，是因为他们以为那样做会超出自己的能力。结果，他们就不再督促自己了。努力进取就是要求你付出百分之百的精力——无需更多，当然也不能少。如果你尽到了全力，你就可能抓住每一个成功的机会。

坚持不懈的人不会仅靠运气来取得成功。处境不利时，他们坚持工作，他们明白即使在最艰难的时刻也不能放弃努力。这是成功的关键所在。成千上万的人会选择放弃，但也有一些人会像托马斯·爱迪生那样坚持不懈。爱迪生说："我是在别人都停下来的地方开始的。"

进取心是成功人士的一种美德，它能驱使一个人在不被吩咐应该做什么之前，就能积极主动地去做应该做的事。

如果你有足够的决心并付之于坚韧的努力，你就一定会成功。要好好利用每一次机会向上爬，不要抱怨运气不佳。

永远保持一颗进取的心，战胜成功道路上的各种不利因素，最终才能取得成功。生命在进取中生生不息，事业在进取中蒸蒸日上，人类也将在进取中超越自我，创造卓越。

让我们与成功有个约定，并通过百折不挠的进取心奔向成功的顶峰。

别让"满意"、"安分"束缚住自己

人人都愿意获得满意的结局，而一旦志得意满，一个人往往失去奋斗的动力，从这一点上说，心底里始终保留一些不安分的骚动，会给自己存下一点迈向更大志向的激情。

人人头上一片天，脚下一块地。要想天高地阔，必须始终追求更高远的志向。这里要说的是一个小人物发誓要做出个样子的故事。

1970年7月，高欣出生于东北一个普通的工人家庭。高考时，他没考上大学，就进了一所职业大专读酒店管理专业，可眼瞅着职高快毕业了，又因为打架被学校开除。高欣的母亲非常伤心失望，常常当面追问他："明年的今天你干什么？"

1988年，高欣离开学校，开始闯荡社会。卖过菜、烤过羊肉串……他慢慢明白了生活的艰辛。1989年4月，一家饭店公开招人，这是东北最好的五星级酒店之一。

经过几天的培训，高欣上岗了，当大厅服务员。可缺乏英语基础的他第一天就现了眼，把一个要上厕所的客人领到了咖啡厅。客人到值班经理处投诉，并用英语将他大骂了一通，高欣一句也听不懂。随即，高欣被降职当了行李员。1991年秋天，香港富商李嘉诚下榻该饭店，高欣给李嘉诚拎包。饭店举行了一个隆重的欢迎仪式，一大群人前呼后拥着李嘉诚，他是走在人群的最后一位。他清楚地记得那两只箱子特别重，人们簇拥着李嘉诚越走越快，他远远地被抛在了后面，气喘吁吁地将李行送到房间，人家随手给了他几块钱的小费。身为最下层的行李员，伺候的是最上流的客人，稍微敏感点儿的心，都能感受到反差和刺激。高欣既羡慕，又妒忌，但更多的是受到激励。"我就想看看，是什么样的人住这么好的饭店，为什么他们会住这么好的饭店，我为什么不能？那些成功人士的气质和风度，深深地吸引着我，我告诉自己，必须成功。"

不久，高欣与同事为一个香港来的旅游团送行李，全团有100多件各式行李，要求30分钟内送到不同楼层的每个人的房间，他们俩人累坏了。高欣与那位同事跑到饭店14层楼顶上吸烟，脚下是车水马龙的大街，楼房鳞次栉比，看着看着，高欣突然指着下边说："将来，这里会有我的一辆车，会有我的一栋房。"

"你没病吧？"同事不以为然。他认为高欣累病了。1991年11月，高欣做了门童。门童往往是那些外国人来饭店认识的第一个中国人，他们常问高欣周围有什么好馆子，高欣把他们指到饭店隔壁的一家中餐馆。每个月，高欣都能给这家餐馆介绍过去两三万元的生意。餐馆的经理看上了高欣，请他过来当经理助理，月薪800元，而高欣在饭店的总收入有3000多元，但他仍旧毫不犹豫地选择了这份兼职。他看中的并非800元的薪水，而是想给自己一个机会。

为了这份兼职，高欣主动要求上夜班。那段时间，高欣在饭店上晚班要上到早晨6点，然后找个地方匆匆睡上一觉，餐馆营业时间一到，他就要西装笔挺地站在大堂上。几十号人，男女老少大大小小都归他管，一会儿都不能闲着，一直忙到晚上，他再从墙头爬过去回到饭店，换上工作服做门童，见人就哈腰，还要跟在一群群昂头挺胸的人后头，拎着包，颠颠地一路小跑。

这样的生活过了4个月，高欣的身体和精神都有些顶不住了。他知道鱼和熊掌不能兼得，他必须做出选择。

高欣在父母不解的眼光和叹息中辞职，进了隔壁的餐馆，做一月才拿800块工资的经理助理。可事情并没有像当初想像的那么顺利，经理助理只干了5个月，高欣就失业了，餐馆的上级主管把餐馆转卖给了别人。

闲在家里，高欣不愿听家人的埋怨，经常出门看朋友、同学和老师。一天，他去看幼儿园的一位老师。老师向他诉苦：我们包出去的小饭馆，换了4个老板都赔钱，现在的老板也不想干了。高欣眼中一亮，忙不迭地问："怎么会不挣钱？那把它包给我吧。"

高欣用1000块钱起家，办起了饺子馆。来吃饺子的人一天比一天多，最多的时候，一天营业额超过了5000块钱。为了进一步提高工作人员的积极性，高欣想出了一招，将每个星期六的营业额全部拿出来，当场分给大家。这样一来，大家每周有薪水，多的时候每月能拿到4000元，热情都很高。一年下来，高欣自己挣了10多万元。

　　高欣初获成功，他又寻思着更大的发展。1993年1月，他在火车站开了一家饺子分店。一个客人在上车前对他说："哥们儿，不瞒您说，好长时间以来，今天在这儿吃的是第一顿饱饭。"当时高欣就想，为什么吃海鲜的人，宁愿去吃一顿家家都能做、打小就吃的饺子呢？川式的、粤式的、东北的、淮扬的，还有外国的，各种风味的菜都风光过一时，可最后常听人说的却是，真想吃我妈做的什么粥，烙的什么饼。人在小时候的经历会给人的一生留下深刻印象，吃也不例外。

　　一有这样的想法，他就着手实施，随即他终于领悟到了自己要开什么样的饭馆了。他要把饺子啦、炸酱面啦、烙饼啦，这些好吃的、别人想吃的东西搁在一家店里，他要开家大一些的饭店。

　　他以每年10万元的租金包下了一个院子，在院里拴了几只鹅，从农村搜罗来了篱笆、井绳、辘轳、风车、风箱之类的东西，还砌了口灶。"大杂院餐厅"开张营业了。开业后的红火劲儿，是高欣始料不及的，高欣觉得成功来得太快了。300多平方米的大杂院只有100多个座位，来吃饭的人常常要在门口排队，等着发号，有时发的号有70多个，要等上很长一段时间才有空位子。大杂院不光吸引来了平头百姓，有头有脸的人也慕名而来，武侠小说大师金庸、台湾艺人凌峰等都到大杂院吃过饭。

　　后来，大杂院的红火已可用日进斗金来形容。每天从中午到深夜，客人没有断过，一天的营业流水在10万元以上。3年下来，有人估算，高欣挣了1000余万元。

　　目标定位为我们带来期盼，刺激我们奋勇向前，但不少人总是把自己的目标定得小之又小，结果容易满足取得的一点点成就。其实对人生、事业定位时目标高一点更好，因为这样人才更会有气可斗。目高于顶，绝非鼓励你以倨傲的态度去对待别人，而是主张人应有高远的追求。人人都愿意获得满意的结局，而一旦志得意满，一个人往往失去奋斗的动力，从这一点上说，心底里始终保留一些不安分的骚动，会给自己存下一点迈向更大志向的激情。

莫在过去的辉煌里长睡不醒

站在充满鲜花和掌声的领奖台上，那确实是值得我们骄傲的。但是对于现在来说，它早已成为永远的过去了，别人不会永远记住我们过去的风光，我们也没有必要把那一次成功当成永远骄傲的资本，躺在那温暖的赞扬声中长睡不醒！

由于事业取得了一定成功而骄傲，把一时的成功当做永久的成功，这样的人常会从此固步自封，止步不前，甚至前功尽弃。我们常说："好汉不提当年勇"，就是告诫我们不要如此轻易地满足。但是，很多人常常不能走出曾经的辉煌记忆，沉浸于虚无的胜利幻想中。他们因为过去的一次成功就自我满足，眼前显现的永远是早已逝去的鲜花与掌声。所以，自视甚高、目中无人，更有甚者，为了维护自己的所谓面子和虚荣心，非但自己不思进取，还伺机嘲讽别人的努力，最终导致了心志的堕落。

有新闻报道，某大学一名男生自杀了！消息很快传遍了整个校园、整个城市，乃至全省。谁能相信他会自杀呢？四年前，他可是以全省第一名的成绩考入这所大学的。如此一个优秀的学生怎么会轻生呢？

熟悉他的同学、老师和老乡，都为他的轻率而倍感痛心。此时谁又能记得四年前他的风光呢？这所大学虽是重点，却一直鲜有省状元考进来。他进校后，学校领导、老师对他备加重视。仅对他个人的宣传就做了半学期，从此他成了全校的热点人物，简直是无人不知，无人不晓。

老师的宠爱、同学的羡慕以及一些人的吹捧，也让他有了飘飘然的感觉。从此，他变了，从那个勤奋上进、谦虚好学的少年变得极其高傲，他想当然地认为自己就是最棒的。他也不再像其他同学一样刻苦用心，甚至经常因为觉得老师讲得不好而不去上课，也从不参加集体活动，而是时常沉浸于武侠小说、言情小说的世界里混沌度日。

老师为他的成绩滑坡而担忧，经常劝导他要戒骄戒躁。可是他总是把老师的话当作耳边风，他认为，自己这么聪明，对付那些考试是小菜一碟。就这样，虽然从未在期末考试中挂"红灯"，但是成绩平平。转眼到了大四，保研名单上自然没有他。于是，他终于不甘心起来，向全班同学宣称他要考取全国最著名大学的计算机硕士研究生。

从此，他开始起早贪黑地学习了。无奈，由于大学期间专业功底太差，最终他的成绩没有过线。这对于骄傲惯了的他来说，无疑是当头一棒。整个人崩溃了，在成绩公布榜前默默伫立了很久很久。

当然晚上，宿舍的同学发现他没回来休息，也没有太在意，以为他心情不好去哪里散心了。可是，第二天一大早，人们在教学楼前发现了他的尸体。他的口袋里装着一份浸透了鲜血的成绩通知单和一份遗书。他说："因为我知道自己再也骄傲不起来了，所以我选择了死亡。对我而言，没有了骄傲就如同剥夺了我的生命。"

一个年轻的生命就这样离去了，正是因为他一贯沉醉于自己曾经的辉煌，一旦幻梦变得支离破碎，他那颗习惯了赞扬和追捧的心，便难以负荷以至于精神崩溃。有一位哲学家说过："一个人若种植信心，他会收获品德。"而一旦一个人种下骄傲的种子，他必将收获众叛亲离的果子，甚至是不可预知的危险。这位轻生的男同学自满自得，不懂得戒骄戒躁，脚步一味地停留在原地，而虚荣心却日益膨胀，最终心理压力承受不住，使年轻的、本来该有所作为的生命走向了终结。可悲的是，直至死前他也未能明白自己失败的原由，他不知道，是骄傲害了他，是虚荣心害了他！

人如果有了名气，常常会飘飘然。那个4岁就懂得让梨的孔融，是家喻户晓的人物。小小年纪就出名，长大后先被提拔做了侍御史，后来又改任北海相，他认为自己既有才又有名望，所以待人傲慢，甚至多次戏弄辱骂曹操，结果被人诬陷图谋造反，不但自己遭受杀身之祸，而且殃及两个儿子。

拿破仑，著名的军事家，也是一位被自己过去的辉煌冲昏头脑的人。他率领的军队曾出奇制胜，所向无敌。可是胜利让他丧失了客观分析敌情的能力，战绩使他骄傲自大、目空一切、武断专横。最终兵败滑铁卢之战，由战争之神一下变为阶下囚。

大文豪王尔德曾说："人们把自己想得太伟大时，正足以显示本身的渺小。"因为"人外有人，天外有天"，谁也不是常胜将军。让曾经的胜利，曾经的辉煌留在心底，闲来无事，偶尔拿出来玩味一下，实无不可。万不可把它当成永远的荣耀，从此止步不前。一个真正的智者，是不愿靠吃老本生存的，更不会原地踏步，而是力求百尺竿头，更进一步。

沉醉于自满自得，这是愚蠢的表现。过分的自我感觉良好，实际上是一种无知，它虽能满足一时的虚荣心，也常使人错生优越感和自我幸福感，但实际上是自欺欺人，最终只会导致心灵的萎缩。

列出你的生命清单

　　人生定位、人生计划，对每一个人的成长和发展都至关重要。人一生会做无数次的计划，但如果最大的计划——定位人生的计划没做好，就容易遭遇最大的失败。人生定位就是对人生实行目标管理，它的重点是：认真总结自己的昨天，明确自己的今天和明天，找出人生中的亮点，把烦恼、困苦、挫折作为激发才智、调整心态的良药，把逆耳的忠言作为行动的指南，从而活得更充实，更快乐，更顺利。

　　五官科诊室里同时来了两位病人，都是鼻子不舒服。在等待化验结果期间，甲说，如果是癌，立即去旅行，并首先去拉萨……乙也如此表示。结果出来了，甲得的是鼻癌，乙长的是鼻息肉。甲留下了一张告别人生的计划表离开了医院，乙却住了下来。甲从攀枝花坐船一直到长江口；到海南的三亚以椰子树为背景拍一张照片；在哈尔滨过一个冬天；从大连坐船到广西的北海；登上天安门城楼；读完莎士比亚的所有作品；力争亲临实地听一次瞎子阿炳的《二泉映月》；成为北京大学的一名学生；写一本书……凡此种种，共27条。

　　他在这生命的清单后面这样写道：我的一生有很多梦想，有的实现了，有的由于种种原因，没有实现。现在上帝给我的时间不多了，为了不遗憾地离开这个世界，我打算用生命的最后几年去实现还剩下的这27个梦想。当年，甲就辞掉了公司的职务，去了拉萨和敦煌。第二年，他又以惊人的毅力和韧性通过了成人考试，成为北京大学中文系的一名学生。这期间，他登上过天安门城楼，去了内蒙古大草原，还在一户牧民家里住了一个星期。现在这位"病人"正在实现他出一本书的宿愿。

有一天,乙在报上看到甲写的一篇有关生命的散文,于是打电话去问甲的病情。甲说,我真的无法想象,要不是这场病,我的生命该是多么地糟糕。是它提醒了我,去做自己想做的事,去实现自己想去实现的梦想。现在我才体味到什么是真正的生命和人生。你生活得也挺好吧?乙没有回答。因为在医院时说的,去拉萨和敦煌的事,他早已因患的不是癌症而放到脑后去了。

在这个世界上,其实我们每个人都患有一种癌症,那就是不可抗拒的死亡。我们之所以没有像那位患鼻癌的人一样,列出一张生命的清单,抛开一切多余的东西,去实现梦想,去做自己想做的事,也许是因为我们认为我们还会活得更久。然而也许正是这个量上的差别,使我们的生命有了质的不同——有些人把梦想变成了现实,有些人把梦想带进了坟墓。如果你不想到了生命弥留之际后悔自己的一生,最好的方法就是从现在起给自己制定一份翔实的人生计划,把自己的梦想写在纸上,让它时刻鞭策自己,把它落实到实处。

在西欧的很多国家的人们,他们有充裕的时间到宁静、清幽的山村去度假,或者出国旅游,我们对此很难理解,西欧国家经济发展水平高,人均消费水平高,他们却很轻松的工作,还有那么多休闲时间,过的挺轻松自在,为什么呢?在那里,他们有随身携带的笔记本,他们把日常生活的琐碎小事以及工作任务事先记录在笔记本里,甚至人生计划提前几十年也就写好,这样将会节省大量时间,提高工作效率,人生的目标也更明确。回顾国内,在风风火火、忙忙碌碌的人群中,都呈现出无精打采的苦脸,有些还感到工作劳累,整天在盲目中瞎撞。休闲的背后是辛勤的记录和细致的思考,也是一种痛苦的过程,因此他们比我们聪明。

人生定位与计划,根本在于为自己的发展描绘一个整体的结构。规划好自己，才可能更好地应对未来。精心设计人生计划，充分显示非凡的智慧和谋略，显示高瞻远瞩的气度，才能智赢天下。

选择比努力更重要

有的人在邪恶上寻找勇敢，而这种寻找最终会让他碰得头破血流；有的人在谎言中寻找安慰，而这种寻找只能让他陷入沉溺；有的人从吝啬者身上寻找慷慨，而这种寻找却让他一无所获。还有太多的人想从药物、酒精或者感官的兴奋中找到安宁与快乐，显然这些都没有用。不要在不必要的地方付出你全部的精力，若要有所收获，必须选择正确的方向。

有的人羡慕那些刚过"而立"之年，便已拥有巨额财富、显赫地位的成功人士，他们的成功也许是因为有好机缘，有贵人扶持……然而，最重要的是他们都是在正确的时机，正确的地点，选择做最适合自己的行当。

卡特在怀特汽车公司当经理的助手。一次，上司要卡特将一辆出事的卡车卖给收购废弃车辆的人，结果车子卖了450美元。两星期之后，上司又要卡特去买一副二手的引擎，装在另一辆卡车上。收购废弃车辆的人，从两星期前卡特卖给他的那辆卡车上拆下引擎，用换下来的引擎跟卡特讨价还价，然后他给卡特拿来580美元的报价单。

这令卡特茅塞顿开。他发现卡车上有许多零件很有价值，事实上，他以450美元价格出售的卡车，拆卸成零件之后出售，价值要增加2倍到3倍以上。这时候他第一个反应就是，他要从事废弃物的事业。

从此，卡特开始从事二手卡车零件的生意，并因此大赚特赚。自从他发现二手卡车零件获利惊人之后，仅过了一星期，就开始自己做。他以 500 美元的价格买下第一辆事故卡车，拆解下来的零件，卖了 2 倍的价钱。靠着这个卖废车零件的工作，卡特迅速成为了一个百万富翁。他告诉身边的朋友："嘿！伙计，留心那些小事，说不定哪个小细节就可以让你走上一条致富之路！"

而弗雷森夫妇的择业秘诀则是，做别人很少去做的工作。他们说："如果每个人都做同样的事情，竞争太激烈，那么根本就赚不到钱。"

尽管弗雷森夫妻都不是大学毕业生，但是他们的资产净值却超过大部分的大学毕业生。他们都很努力工作，想要成功致富，早点退休享福。当年弗雷森 33 岁，弗雷森太太 29 岁，他们向父母借了 33 美元，购买了一部二手的全自动洗车设备，开始了自己的创业之路。他们认为这是一个理想的事业，竞争对手少，获利较多，更容易达成自己的目标。弗雷森太太曾对访问他们的人说："感谢你没有将洗车业纳入白手起家致富的行业，因为愈少人注意这个行业愈好。"

选择就像是盖房子，如果房子盖在不理想的地点，地基是泥沙或沼泽，即使地面上的建筑花了几百万美元，这栋房屋还是不稳固。你需要不断地跟流动的泥浆与沼泽搏斗，但是永远也无法取胜。只有将房子建在坚实的土地上，这房子才经得起风吹雨打，你也不必再跟这些不利因素搏斗。

选择不对，努力白费。选择比努力更重要，努力一定要放在选择之后。昨天的选择决定今天的结果，今天的选择决定明天的结果。所以在你对自己的未来进行定位、选择一生的事业时，你一定要拥有选择的智慧。

机遇总是垂青那些有准备的人

机遇总是垂青那些有准备的人，否则，就算机会来了，你却手足无措，只能眼睁睁地看着它溜走。而且"机不可失，失不再来"，机会错过了，即使你再痛苦懊悔也难以挽回。

机遇对于那些敢于高点定位、对人生怀有强烈欲望并准备为之奋斗的人来说是非常重要的。和珅登上政治舞台之前的第一声叫喊，便引起了乾隆帝的注意，正是由于他抓住了这瞬间的机遇，才能顺利地爬上了梦寐以求的高位。

和珅，钮祜禄氏，满洲正红旗人。他的父亲常保本是不知名的副都统，和珅年少时家境一般，至乾隆中叶，还不过是八旗官学生，只中过秀才。以这种出身，和珅要出人头地几乎是不可能的。

但乾隆四十年（1775年）是和珅政治生涯的转折点。在这一年，和珅巧逢机缘，得见天颜，奏对称旨，甚中上意，从此便攀龙附凤，飞黄腾达。

一日，乾隆准备外出，仓促间黄龙伞盖没有准备好，乾隆帝发了脾气，喝问道："是谁之过？"皇帝发怒，非同小可，一时间，各官员都不知所措，而和珅却应声答道："典守者不得辞其责！"

乾隆皇帝心头一动，循声望去，只见说话人仪态俊雅，气质非凡，乾隆不仅更为惊异，叹："若辈中安得此解人！"问其出身，知是官学生，也是读书人出身，这在侍卫中是不多见的。乾隆皇帝一向重视文化，尤重四书五经，对一些读过四书五经的满族学生，当然更加另眼相看。所以一路上便向和珅问起四书五经的内容来。和珅平日也是很用功的，所以应对自如，使乾隆帝龙颜大悦。至此，和珅进一步引起了乾隆帝的好感，遂派其都管仪仗，升为侍卫。从此和珅官运亨通。一次偶然的机遇，便为和珅铺平了升迁之路。

和珅之所以能抓住机遇，是跟他平时的准备分不开的。实际上，和珅不但不是一个不学无术的人，而且他还是一个颇通诗书的能人。拿他在狱中所写的两首《悔诗》来看，其中有"一生原是梦，廿载枉劳神"和"对景伤前事，怀才误此身"几句，不次于李斯临死前上书之以罪为功。说和珅无才无能是不符合事实的。

据马先哲先生考证，和珅精通四种语言，这在清高宗所写的两次《像赞》里有明确记载：一在1788年（乾隆五十三年）《平定台湾二十功臣像赞》里说，和珅"承训书谕，兼通满、汉"；一在1792年（乾隆五十七年）《平定廓尔喀（今尼泊尔）十五功臣图赞》里也说，和珅"清文（即满文）、汉文、蒙古、西番（即藏文），颇通大意"。原注有云："去岁（乾隆五十六年）用兵之际，所有指示机宜，每兼用清、汉文。此分颁给达赖喇嘛，及传谕廓尔喀敕书，并兼用蒙古、西番字。臣工中通晓西番字者，殊难其人，惟和珅承旨书谕，俱能办理秩如"（详见《八旗通志》卷首六）。当时满汉大臣中能兼通满、汉两种语文者，就比较罕见，像和珅一人能通满、汉、蒙、藏四种语言，确实难能可贵了。乾隆如此信任和珅，很大程度上也是用人用其长，和珅的才能是不能否认的。

而且，和珅工诗能绘事，非仅诵四子书之辈可比。诗有《嘉乐堂诗集》，不分卷，系与弟和琳、子丰绅殷德于1811年（嘉庆十六年）合刻本，其狱中《悔诗》两首，亦均收入。画则因和珅人品甚恶，不为世人所珍，很少留传至今。已故国际著名史学家洪煨莲（业）先生藏有和珅所作山水小横披一帧，绘于棉布之上。和珅不画在绢上，也不画在纸上，惟独画在布上，这布大概就是当年英使马戛尔尼所贡之细密洋

71

布,似为创举,可谓好事。据《乾隆英使觐记》载,称和珅为中堂,"中堂"系当时人对大学士兼军机大臣为真宰相的代称。马戛尔尼目睹和珅,说他英俊有宰相气度,举止潇洒,谈笑风生,樽俎间交接从容,应对自若,事无巨细,一言而办。异邦人记当时人情事,自属可信。然则和珅之能得清高宗的独宠,二十年如一日,又岂一般满汉大臣所能望其项背?

实际上,和珅在青年时代是相当刻苦的。他的诸多才能大都是在这个时候培养起来的。在《清史稿》和《清史列传》中只记载:和珅"少贫无籍为文生员"。除此之外,有关和珅青少年时期的记载很少。但从笔记和野史中可以知道,和珅童年时曾在家里与弟弟和琳一起接受私塾先生的启蒙教育。到了少年时期,他们两人一起被选入咸安宫官学读书。这种学校一开始主要是为了培养内务府人员的优秀子弟而设立的。到了乾隆年间,除了继续供内务府官员的优秀子弟就读外,还大量招收八旗官员优秀子弟入学。

咸安宫官学的课程,主要有满、汉、蒙古语言以及经史等文化课。此外,每个学生还必须学习骑射和习用火器等军事课程。因为满族是靠武功"马上得天下"的,故清代前期十分重视军事课程。可见,咸安宫官学的学生绝非一般等闲之辈,他们都是从众多的八旗子弟中经过仔细筛选,择优录取的,这些学生不但品学兼优,而且相貌英俊,个个都是一表人才。在这所学校里任课的教师,绝大多数为进士出身的翰林,最差的也是举人。该校课程多样、全面、正规,要求严格,教学效果好,成绩显著,培养了大批为朝廷服务的干才。这说明咸安宫官学是清代各种学校中的佼佼者。在这里就读的学生,大多数是"人品"出众、才貌双全的八旗子弟。

和珅大概是在十多岁后进入这所学校的。由于他天资聪颖,记忆力强,过目不忘,加上他锐意进取,勤学苦读,所以经常得到老师们的夸奖。如后来得到他信任、照顾和提拔的老师就有吴省兰、李璜和李光云等。

由于和珅的刻苦努力和博学强记，在咸安宫官学学习期间，不仅将四书五经背诵得滚瓜烂熟，而且他的满、汉文字水平也提高得很快，此外，还掌握了蒙古文和藏文。正如和珅在悼念其弟和琳的诗中写道："幼共诗书长共居。"此外，当时著名学者袁枚也曾表彰和珅、和琳兄弟"少小闻诗通礼"。这些都是说他们兄弟是有一定学问的。

和珅还练就了一笔好字，他的字看起来很有功夫。同时，他对诗词歌赋与绘画也很喜欢，虽不能说他的诗造诣深，但他是读过不少诗词的。就是由于这个时期打下的基础，才使他日后为官时充分施展了"才能"。

所以，当机遇来临之时，和珅当然稳操胜券，因为很大程度上，能力就是机遇。有机遇而无能力，也只会错失良机，争气又从何谈起。

第四章　高点定位在于追求卓越，永远向前

> 追求卓越的人生，慷慨激昂；追求卓越的人生，没有遗憾；追求卓越的人生，永远向前。虽然我们大多数的人都不是天才，没有高人一等的天赋，都只是这世界上平凡的一员。但这都不能限制我们追求卓越。高点定位，追求卓越，挑战极限，选择过一种完美的生活，从绝望中寻找希望，人生终将走向辉煌。

成功之前追求平淡是无能的托辞

我们平常总是听很多人特别是那些功成名就的人感慨平平淡淡才是真，蔡志忠说："我用十年的时间名满天下，赚了一千万。倘若重新给我选择的机会，我只用这十年去看看高山，听听流水，别的什么也不做。"王蒙说："我更倾向未成名前简简单单的读书生活。"一些早已体验了世间百味，经历了无数荣誉与挫折，走过了不尽弯曲与坎坷的人说出这样的话是毫不为怪的：为了成功的极大付出后，终归于平淡。

然而，更多的人并没有成功过，却也叫着平平淡淡才是真，这与成功人士成功之后回归平平淡淡的心境并无共通之处。不成功却也叫着追求平淡，其实是无能的一种托辞。

安于平淡并无益处——拘泥于平淡之中，人们会泯灭奋发向上的信念，会陷于平庸无求的窠臼，一生难有大的作为。因为，时代在飞速发展，奇迹在不断出现，满足于平淡，只能使奋进的热血冷却，创新的精神萎缩，使自己最终被现实社会淘汰。

1996年，李东华代表瑞士参加亚特兰大奥运会，并获得了体操鞍马冠军。这让45年来首次获得世界体操冠军的瑞士人万分欣喜，把李东华尊称为"英雄"。其实，英雄的背后有血也有泪，李东华的艰辛只有他自己最能体会。

李东华是四川人，十六岁选入中国国家体操队。在1984年一次训练中，严重撞伤，被摘除了脾脏和肾脏；1986年，李东华双脚跟腱在比赛中又同时断裂；1988年的一次训练中，厄运再次降临在李东华的身上，他从双杠上失手，头触地，锁骨和脊椎严重挫伤。无论遭受多大的苦难，倔强的李东华始终坚持训练，参加比赛。

"因为与瑞士姑娘结婚我来到这里。"李东华说，"瑞士虽然美丽富裕，但并非一切都如天堂，刚到这里，我几乎一无所有，除了我的太太。"

按照瑞士政府的规定，李东华必须要等待5年之后才能入籍瑞士参加国际比赛，为了维持生活，他上午搬运大型汽车轮胎、洗汽车、挖马路、当油漆匠，下午和晚上坚持体操训练和学习。在自己当教练的艰苦条件下，熬过了整整五年非常孤独的训练。

终于，1996年亚特兰大奥运会上，李东华以29岁的"体操高龄"圆了奥运冠军梦。李东华所创造的奇迹在奥运会历史上也是罕见的。

在获得奥运会体操冠军后，说起妻子和孩子的时候，李东华非常动情，他说在最困难的时候，没有工作，没有收入，还想练体操，妻子一直默默地支持他，整整5年，让他始终没有放弃自己的信念。艰苦的付出为李东华赢得了荣誉和尊敬，目前他定居在卢塞恩，担任着铁力士索道总公司等多家公司的形象代表。

　　试想李东华如果甘于平淡的生活，他恐怕只能默默无闻的度过他的一生了。奋斗，只有不断的奋斗，才能有精彩的人生。人生绝不是一段简单的流程，活着就意味着一次又一次重新诞生。生活无论是贫穷还是富有，无论是顺境还是逆境，都不能用平淡去注释。要想让人生充满希望，让生活富有质量，你就要突破自我封闭的重围，斩断世俗紧固的锁链，让不满的车轮辗碎平庸的陈旧观念，以战胜者的姿态走出地平线！要知道，人生的永恒，不是平淡，而是追求。每个人生于世间时，他只是一张白纸。而后漫漫岁月间，他所做的一切便是尽可能地为这张白纸增添尽可能多的色彩，一幕绚丽的彩画才是我们的最圆满结局。那些饱尝世上滋味的成功者早已将他的人生画卷涂抹得色彩斑斓。他归于平静的原因只是想静下心来做一些最后的修改。或许是真的有些倦了，一旦休息时，他会觉得很是惬意，于是便说出了上面的话语。但是倘若真的让时光倒转，蔡志忠恐怕依旧会不懈地画他的漫画，王蒙也仍然会不倦地做他的文章。

　　将生活变得更丰富、更有意义、更有价值，体验成功的喜悦，这是每个人最基本的愿望。只有这样，我们才能使生活中的甜愈甜，苦愈苦，涩愈涩，才能真正体验到生活的原味，真正了解生活。

　　成功往往意味着痛苦，意味着超人的付出，意味着这样或那样的代价。于是有些人开始放弃努力。努力可能失败，而放弃，永不会遭遇挫伤。这些人开始为自己找寻可靠的理论基础，既然如此众多的名人已宣称"平淡为本"，那么自己就"平平淡淡才是真吧"。而看似毫无苦痛，其实却可悲，他的人生只有平淡一种滋味。

　　人生可以平凡，但不可平淡。一个不想平淡活着的人，一个想要爬到成功高点的人，必须改变自己的态度，以积极的态度去面对生活，面对工作，不断的追求更好的人生，努力拼搏，把自己的位置设定得高一点，顽强地为之努力，碾压过一切困难，只有这样，才不枉白来世上活一回。千万别在追求平淡中浪费时间！

脱离平凡，不甘平庸

平庸是一个老迈的词汇，这个世界上不该存在平庸的年轻人，因为他们是如此幸运：时刻都有超越平庸的时间与机会。

犹太人哈同，1872 年来到上海谋生，当时他 24 岁，年轻力壮，但身无分文。他立志来中国赚钱发财，但自己一无资本，二无专业知识和技术。他决心从一个立足点开始，因自己长得身材魁梧，在一家外国银行找到一份看门工作。

换了别人，这份工作可能不愿意干，自己相貌堂堂，年轻力壮，却屈于当站门雇员。但哈同不那么想，他认为看门赚来的钱也是一种报酬，没有丢脸和失身份的感觉。另外，他更有深层次的考虑，"千里之行始于足下"，在这份工作上找到个立足点，今后通过自己的努力奋斗，积蓄力量，最终要找到能赚更多钱的路子。

哈同在当看门工时，非常认真，忠于职守。晚间，他利用一切可用的时间阅读各种经济和财务的书籍，知识增长很快。老板觉得此人工作出色，脑子灵活，就把他调到业务部门当办事员。

哈同一如既往，工作业绩不错，逐步被提升为行务员、大班等。这时，他的收入大大增加，但心怀壮志的他，并没有因此而知足。他认为自己创业时机到了，1901 年他找理由离开了打工岗位，自己开始独立经营商行。

哈同自办的商行取名为"哈同洋行",为了赚取更多的钱,以经营洋货买卖为主。他看到洋货在我国市场上相对比的竞争品不那么多,消费者难以"货比三家",因此,他的经营获得了高额的利润。几年间,他赚了许多钱。

随着资本的增多,哈同没有放缓自己的追求,开始买卖土地和放高利贷业务。他买入的土地往往从一些急于等钱用的人手中获得,所以他把价钱压得很低,卖主不得不就范。接着,他将低价买入的土地租给别人造屋,到一定年限后收回,这样连房产也归他所有了。另外,他自己也投资建造楼房供出租,从中获取惊人的利润。就这样,他成了大富豪。

虽然我们对那时候巧取豪夺的外国资本家愤恨不已,但我们还是不得不佩服他。这个善于积累的人,在不断的努力下实现了自己的人生跳跃。

虽然每一个行业都有其存在的价值,但是每一个岗位也都有不可替代的作用。你可以从最底层做起,但你一定不能不思进取,甘于平庸。不要给自己找借口,无论什么职业,都可以不断学习创新。是否能够成功地从目前的工作中脱颖而出,关键是我们自己的选择,是得过且过,还是高点定位、追求卓越。

给自己高点定位是推你前行的动力。如果你把自己设定成一个大有作为的人,你就难免会不满足于现在平庸的生活,你就会懂得利用自我的优势去打开通往另外一片天地的门。定位越高,成就越大,心有多大,舞台就有多宽广。目前的职位可以不高,但你的心不能不高。只有在高点定位的指引下,脚踏实地的工作才有更大的意义,才有可能打破常规思维的限制,做出一番成绩。

有什么样的想法，有什么样的命运

西方心理学家说：你内心想的是什么样子，你的生活就会成为什么样子，如果你希望把握自己的命运，那么就从调整想法做起。

约翰毕业于上海外国语大学英语系，在中国国际旅行社干了几年导游，觉得没劲，就辞职下海到布达佩斯做起了生意。

在古老的布达佩斯，欧式的建筑和不同的肤色挥洒着迷人的异国情调。秋天，凉风习习，黄叶铺地，景致优雅而安详。在蓝色的多瑙河边，就连赌场都建造得富丽堂皇。在其中的一家赌场里，约翰刚进赌场就迫不及待地钻进了人群，他希望自己能够一夜暴富，但幸运之神显然不愿帮助他，不一会儿，他就输了四千。但他不甘心，便向朋友借了两千，可是还不到一刻钟，他就再次败下阵来，但他仍不甘心决定作最后一搏，这时的他内心充满欲望和妄想，他试图报一箭之仇。于是把自己的最后一点家当都抵压进去。结果，他还是输了。其实，他到布达佩斯时是中国人里面最富的，他带了3万美金，而有许多中国人仅带了几千，甚至是几百美金。然而，几年过后，许多中国人都腰缠万贯了，他却成了穷光蛋。

由于受到不劳而获的不良想法影响，约翰把自己的生活变成了一场灾难。不良的想法给人带来的是致命的影响，而另一方面，适宜的想法却可能帮你掌控自己的人生。

日本有名的战国大名织田信长有一次面对实力比他的军队强十倍的敌人，他决心打胜这场硬仗，但他的部下却表示怀疑。信长在带队前进的途中让大家在一座神社前停下。他对部下说:"让我们在神面前投钱币问卜。如果正面朝上,就表示我们会赢,否则就是输,我们就撤退。"部下赞同了信长的提议。

信长进入神社,默默祷告了一会儿,然后当着众人的面投下一枚钱币。大家都睁大了眼睛看——正面朝上!大家欢呼起来,人人充满勇气和信心,恨不能马上就投入战斗。最后,他们大获全胜。一位部下说:"感谢神的帮助。"信长说道:"是你们自己打赢了。"他拿出那枚问卜的钱币,原来两面都是正面!

这个故事告诉我们,你的命运不是神在指引,而是由你的想法决定的。假如,你总处于消极状态,那你的命运也将一直处在低靡状态。就像这些部下在怀疑自己能否打赢一场战争一样。如果不是那枚两面都是正面的硬币给了他们信心,那场战争必定以失败而告终,命运之神告诉你:"只有你自己确信自己有好运,好运才会降临。"

做任何事都应该尽量摒弃消极的想法,特别是年轻人,因为社会经验少,更容易因一时挫折、不顺而思想偏激,走向歪路,导致一失足成千古恨。人在年轻的时候正是可以大有作为、前途一片光明的时候,如果你不能很好把握自己的想法,光明的前途就将与你无缘。

打开思路,人生迥然不同

思路决定出路,思路乃成败之关键。世界知名的管理大师德鲁克说:当前社会不是一场技术战,也不是软件的速度革命,而是一场观念上的革命。

有一次，浙江工业大学举办了一场"生存基金"增值比赛，每组六人，各组领五十元钱，看哪个组能在一天时间内，让它迅速增值。

比赛中，许多同学选择了临时工，但只有少数人成功了，一些建筑工地、网吧、送水站等，根本不需要他们，因为大部分大学生很难承担大量的体力劳动。虽然有的同学央求只需要一餐饭作为回报就可以了，但仍然被拒之门外。大部分同学"颗粒无收"，早上领走的五十元，除了乘车、买饮料、用餐之外，所剩无几。

但有一组同学却带回了六百六十九元。他们事先在杭州最繁华的武林广场附近做了一个商业调查，决定制订一个直销方案，以这次活动为品牌，说服武林广场附近商家在他们的帽子、衣服、队旗等上面进行冠名。结果，一位饭店老板被同学们说动了，愿意购买冠名权，经过谈判，饭店老板最终以九百元取得了冠名权。于是，同学们在花费了二百多元的成本制作饭店广告标识之后，盈利六百六十九元。这个结果令组织者也意料不到。

组织者事先认为，最明智的办法是批发一些饮料进行售卖，稳扎稳打地让五十元基金增值。但出售冠名权这个突破常规的创意，让人耳目一新，也取得了不错的成绩。

这只是一场比赛游戏，但是如果这是一场长长的人生比赛呢？同样也会因为你的思路差异而形成结果差异。人生成才的一大重要要素就是思路，思路决定出路，格局决定成败，什么样的思路决定什么样的人生。就像同一生长环境的双胞胎一样，有可能长大成人之后性情各异，成就也迥然不同，原因就在于他们对于发生在周围的事有了不同的想法，逐渐的这些想法形成性格、思想、做人做事的态度，最终决定他的一生。

我们知道美国微软公司董事长比尔·盖茨大学未毕业，想到因为个人电脑能创造巨大市场价值的思路才创立公司；美国戴尔公司总裁戴尔也是在大学期间，萌发了电脑自装直销能获得巨大利润的思路才建立了戴尔公司。他们也不过用了十几年时间，就已发展成世界上最著名的跨国公司，究其原因都是他们有了事业发展的思路。

人生有思路，就会有出路，也就有了发展，人没有思路，就没有出路，没有发展。人生要想有大发展，企业要想大发展，必须有大思路。思路是人生最重要的资源。人生有了方向，就不怕路远；人生有了思路，就不会怕失败。人生的成功、幸福和快乐，都有思路转化的功劳。

积极的心态是成功的隐形护身符

要想成功达成人生定位，首先应该认识你的隐形护身符——积极的心态，它在很大程度上决定了我们人生的成败。如果在事情开始的时候你就抱着自我否定的态度，那么就决定了你最终不会成功。

尼克在戴维斯的店里学习经商已经三年了，可他依旧什么都做不好。一次戴维斯在一个小餐馆里遇到了尼克的父亲，便诚恳地对他说："约翰，我们是多年的好友，不愿使你日后懊悔，我说话直爽，喜欢讲老实话。尼克的确是个踏实稳重的好孩子，但即使他在我店里学一百年，也不会成为一个优秀的商人，因为他生来就不是做商人的料。约翰，你还是带他回去，教他挤牛奶吧！"

尼克被父亲带回家后，帮父亲经营农场。一次很偶然的机会，他到了芝加哥，亲眼看见许多原本贫穷愚钝的孩子做出了惊人的事业。这激起了他做大商业家的决心。他自问："别人能做惊人的事业，我为什么不能做呢？"

回到家后他对父亲说他想开一家商店。父亲劝他打消这个念头："你天生就不是个商人。"但尼克自信地向父亲保证他一定会成功。起初，尼克的经营很不成功，但他不断地进行尝试，很快就找到了成功的经营方法。他的小店红火起来了，只用了几年时间，他的商店遍及他所在的这个州的城乡，令戴维斯和他的父亲十分惊讶。现在，已经拥有几亿资产的尼克感慨地说："什么事都是可以办到的。只要你去掉那些阻碍自己前进的想法，你就可以成功。"

然而，世界上很多人在未进行某项尝试之前就认定自己"不是那块料"，"天生注定不会成功"。也正是因为他们的这种消极观念，阻碍了他们能力的发挥，不能走向成功的殿堂。

其实每个人都有巨大的潜能，它像一座金矿等待着我们去开发。任何成功者都不是天生的，他们成功的最根本原因是激发出自己身体内潜伏的才能。只要你抱着积极的心态去开发你的潜能，就会有用不完的能量，你的能力就会越用越强。相反，如果你抱着消极的心态，不去开发自己的能力，那你只会叹息命运不公，并且越来越消极，越来越无能！

爱迪生曾经说："如果我们做出所有我们能做的事，我们毫无疑问地会使我们自己大吃一惊。"最大限度地发挥自己的能力，干所有"我"能做的事情，是表现"我"的才能的最好途径。你甚至会惊奇地发现拿破仑、林肯未必能做好的事情，但"我"却能漂亮地完成。

一个人的行为方式，与他的自我评价紧密相连，消极心态者总想到自己最坏的一面，他们不敢企求，所以往往收获更少。遇到新事物，他们的反应往往是："这是行不通的，这风险冒不得，现在条件还不成熟，这不是我的责任。"当一个消极心态者对自己不抱很大期望时，他就把自己取得成功的能力封了顶，他成了自己最大的敌人。所以，不要轻易否定自己，给自己一个机会，让自己把全部能力发挥出来。

请记住，这个世界就是属于"你"的，不管你是英姿勃发的年轻人还是老当益壮的老年人，只要确信你行，并发挥出自己的能力，你就能取得事业的成功。

定位美满人生、编织梦想、学习新知识、改变生活态度永远不嫌迟。你无法使时光停止，但是你可以停止消极悲观的思想。立即开始运用自己的能力，你就能得到你所追求的。

当然，积极地看待生活，发挥自己的能力，争取事业的成功，需要勇气和持之以恒的精神。如果你没有勇气向固有的错误观念挑战，你可能会轻易地放弃自己的希望，重新回到消极悲观的生活中去。所以，即使外界环境对你不利，即使别人断定你不可能成功，你也不要放弃自己。因为你是唯一能够决定自己命运的人。当你一直运用积极的心态并把自己看做成功者时，你的坚强努力就会把你送到成功门前。

淡泊中的执著具有强大的力量

每个人都希望自己的人生美丽，对自己的定位一开始也往往很高，但不少人却总是遭遇失败，慢慢灰心放弃，抛弃定位，随波逐流，这里边固然有诸如才智、环境、机遇等方面的因素，同时还有一个重要因素就是执著的精神。

执著是"语不惊人死不休"的豪情，是"为伊消得人憔悴"的投入，是"十年磨一剑"的等待。所以，荀子在《劝学》中说："锲而舍之，朽木不折；锲而不舍，金石可镂。"古今成大事者，大抵都具有这份执著。

执著使人的内在潜力得以挖掘，使生命的丰富性得以展现。荷兰思想家斯宾诺莎一生贫苦潦倒，以打磨眼镜片维持生活。白天，他在昏暗狭小的作坊里一丝不苟地淬炼、打磨、装配，每个程序都精益求精，劳动情状几乎比夜晚在灯下写哲学著作还要虔诚。白天，他保持着打制眼镜片的劳动姿态；晚上，他在思考和写作中燃烧自我。他不仅成为一个手艺精湛的工匠，更是一个影响几个世纪人类精神领域的大思想家。这就是执著之树结出的硕果。

一个执著者往往默默无闻，普通得如田野里耕作的农人，车间里生产的工人，谦卑得如郊外的草树，如山谷里不为人知的流水。博尔赫斯，几乎一直蛰居在图书馆巨大而神秘的阴影与文字中，他的全部工作便是：在孤独中自由自在地想像。他成为一位作家后，他的一位同事在百科全书中读到"博尔赫斯"的条目，非常惊奇，兴冲冲地跑来告诉他，"百科全书里有一个人，不仅跟你同名同姓，而且出生日期也完全一样。"

这里，不能不提到另一个人——梁实秋。他用断断续续30余年的时间完成《莎士比亚全集》的翻译工作。开始，梁实秋共物色了五个人担任翻译，计划五至十年完成。后来，另外四人因为种种原因退出了，梁实秋便一个人把任务承担下来。人生的遭遇是任何人都难以预料的，他在抗战爆发前完成八部莎翁剧作的翻译工作。"七七事变"后，为了躲避日寇的通缉，他不得不逃离北京。抗战八年间，他几乎中断了莎翁剧作的翻译。抗战胜利后梁实秋回到北京，在北京师范大学任教，课余之暇，他又将荒废多年的莎翁剧作翻译工作重新开始。1967年，由梁实秋独立翻译的莎士比亚37种译本全部出齐。梁实秋回忆说："我翻译莎氏，没有什么报酬可言，穷年累月，兀兀不休，其间也很少得到鼓励……"是啊，执著者往往淡泊名利，单纯得只剩下自己想达到的目标。

有这样一则故事：在日本，有一个年轻人到一家电器厂去谋职，这家工厂人事主管看着面前的小伙子衣着肮脏，身材瘦小，觉得不理想，信口说："我们现在暂时不缺人，你一个月以后再来看看吧。"这只是一个推辞，没想到一个月以后，这个小伙子真的来了。那位负责人又推说："过几天再说吧。"隔了几天，他又来了。如此反复了多次，主管只好直接说出自己的态度："你这样脏兮兮的是进不了我们的工厂的。"于是小伙子立即回去借钱买了一身整齐的衣服穿上再次去面试。负责人看他如此实在，只好说："关于电器方面的知识你知道得太少了，我们不能要你。"不料两个月后，他再次出现在人事主管面前："我已经学会了不少有关电器方面的知识，您看我哪方面还有差距，我一项项来弥补。"这位人事主管紧盯着态度诚恳的小伙子看了半天才说："我干这一行几十年了，还是第一次遇到像你这样来找工作的，我真佩服你的耐心和韧性。"于是，他得到了这份工作，并通过不断努力成为电器行业非凡人物。故事的主角就是后来松下公司的总裁松下幸之助。他的成功之处就在于拥有一种可贵的精神——执著。

　　执著对于执著者来说，是一种生活姿态，一种珍爱生命的姿态；一种与世俗对抗的姿态；一种对生命每一瞬间注入激情的姿态。"执著"二字说易行难，因为几乎每一个人身上都有惰性的因子在，都有一种与执著相反方向的力的牵制，有财富、地位、名望等现实利益的制约，有事与愿违的打击，使得人们容易放弃执著或者中途而废。尤其是在一个充满喧哗的社会，执著者如藏羚羊一般日益减少。可是，我们的时代又越来越需要执著者。无论是伟大的事业，还是在平凡的工作岗位上，甚至在日复一日的生活琐事中。拥有了执著，平凡的小草可以铺盖出无边的春色，无名的小河可以汇入汪洋大海。执著者的心房总是洒满黄金般的阳光，执著者的眼里永远充满希望。

有一种可以引爆的东西叫"潜能"

让我们先看以下两个故事：

故事一：一位少妇因车祸导致脑损伤，昏迷了两个月，该用的药都用了，该想的办法都试了，但毫无效果。很多医生认为，她成了一个植物人。但神经外科主任想做最后一次努力：每天在病人床头播放几次病人2岁女儿的哭声和她对妈妈的呼唤。一周后，奇迹出现了，这位少妇竟从昏迷中苏醒，并逐渐恢复了健康。

故事二：国外，有个囚犯罪恶滔天，杀了一家五口，被判处了死刑。法官判他血债血偿，告知他将被以放尽血液的方式处死。当行刑时，死囚被带到一间隔音的房间里，捆绑在床上，蒙上眼睛，行刑者用针头刺入他的手臂，但并没有刺入血管，然后打开床下的滴水器，让他听到"滴答、滴答"的滴"血"声，使他自以为是自己的血液在一滴一滴地流出。半天过后，死囚的心脏停止了跳动。

这些都是暗示的结果，前者由于女儿呼唤声的暗示而产生了强烈的求生欲望；后者由于恐惧使肾上腺急剧分泌，心血流通不畅而导致死亡。暗示对一个人的事业、婚姻、健康等均有控制性的影响。

一个人若总是进行积极的自我暗示并开发自己的巨大潜能，就能获得超群的智慧和强大的精神力量，就能获得成功，自己对未来的美好定位也会实现。芬妮的故事就是最好的例证。

芬妮从小智力就很差，先是降级，被列入反应迟钝者之列，后来又被退学。她18岁就嫁了人，婚后生了两男一女，后来她的两个儿子被诊断为低能儿，这使她难以忍受。她决心要帮助孩子，首先自己给孩子做个好榜样，从求学做起！

她到两年制的得克萨斯南方学院去学习，同时还兼顾家务，每天两头忙。全家都赞同她新的追求，但又担心要不了多久，她就会离开学校重新做家庭主妇。

但事实并不像她家人想象得那样。到第一学年末，芬妮惊奇地意识到：自己的能力并不比别人差，自己完全有能力做得更好。于是，她除了继续在南方学院学习，又在泛美大学报了课程。三年后，她取得了初级学院学位，还以优异的成绩取得了泛美大学的理科学士学位。

孩子们发现他们的母亲与众不同，因为一般美籍墨西哥母亲都不上大学。孩子们非常敬佩母亲。在母亲的鼓励下，孩子们各方面的能力提高得很快，两个儿子的学习成绩一天天地提高，自信心也不断增强，后来他们转到了正常班级学习。

1971年，芬妮被授予文学硕士学位，又担任了豪斯登大学墨西哥美国文化研究所的理事。新的工作又促使她去攻读行政管理的博士学位，并在学习工作之余在大学任教，每周还给基督教女青年夜校上两次课。但她从未忘记她的孩子们。

她总是挤出时间赶回家来关心孩子们的学习，到学校参加家长会，观看孩子们参加的所有体育比赛。在她的悉心关怀和引导下，三个孩子都取得了骄人的成绩。

这个真实的故事说明，要想获得成功，首先得相信自己，并用积极的暗示开发自己的潜能，不要因为自身的某些弱点就轻易放弃，只有这样，你才能获得成功。

海伦·凯勒曾说过："当你感受到生活中有一股力量驱使你飞翔时，你是绝不应该爬行的！"张海迪也鼓舞人们："只要你抬起头来，新的生活就在前头！"

一个人要想成功只能靠自己。出身显贵、条件优越、智能超常、机遇幸运、环境如意等所谓有利因素，这些都是靠不住的，甚至连身强力壮、被人理解和支持这些十分必要的条件也不够充分。那么，自己究竟靠什么？

对那些有着来自上司、客户、老师、父母或子女的压力的人，给他们一个笑容，帮助他们树立一种信心：一切都是有希望的，世界充满欢乐。

希望是完成超越的持续动力

希望是催促人们达成定位、勇往前进的动力，也是生命存在的最主要激发因素：只要活着，就有希望；相对的，只要抱有希望，生命便不会枯竭。

希望，不一定是多么伟大的目标，它可以缩小到平淡生活中的一些小期待、小盼望、小快乐、小满足，譬如明天会看到太阳；明天要去听一场音乐会；下星期约了老朋友喝茶；这个月即将有一小笔奖金；阳台上的盆花，即将盛开；明天将穿一身新衣；购买一件想要的物品，完成一个崭新的计划……虽然在别人眼里，或许尽是些微不足道的细碎小事，但是，对个人而言，却能带来一些乐趣，也都值得等待，这些就都能带来喜悦和希望。希望，可能是明天公布考试成绩得高分，或是荣登金榜；希望可能是明天见到自己心爱的人，或是获得自己渴望的答案，也可能是洞房花烛夜的日子；希望可能是工作获得上级的肯定，能表现自己的才华和成就；希望就是这样平平常常的满足，从从容容的期盼。

　　有这样一位农家女，生长在偏远的小村子里，过着日出而作日落而息的生活。她喜爱一项传统工艺：剪纸，并达到了比较高的水平。

　　这个女孩子不知从哪里听说这么一个消息：一些外国人喜欢中国的工艺品，大老远跑到山西的农家小院去买老太太做的虎头鞋，一双十美元，值好几十块钱呢。她想，北京是首都，外国人多，如果把自己的剪纸拿到那里一定能卖个好价钱。18岁那年，她为自己的剪纸作品进行了第一次尝试，她带着省吃俭用攒出来的路费，满怀希望地到了北京。但是她没有想到，北京艺术品市场里的剪纸那么便宜，她带去的作品，一块钱一张都没人要，险些连回家的路费都成了问题。这次尝试得到的答案是：此路不通，后果是不仅没挣到钱还赔上了一笔路费。此时，这位女孩应当把什么放在第一位？女孩选择了坚持。她坚持继续学习剪纸艺术。

　　22岁那年她为自己的剪纸进行了第二次尝试。她苦苦哀求，软磨硬泡拿到了父母为她准备的一千元嫁妆钱，交了省城一家美术馆的展览费。这一次更惨，她不仅赔上了自己的嫁妆钱，还欠下了一大笔装裱费，而且成了乡邻茶余饭后的笑料，这样的后果她已经无法承受了，只好一走了之，为还钱跑到深圳去打工。打工的那段日子尽管她过得很艰难，但她除了每天在流水线上拼命工作外，还挤出时间去上晚间的美术课，处处留心实现自己剪纸梦想的机会。

　　后来，她做了一次又一次尝试。随着年龄的增长和人生阅历的增加，她将自己所能了解到的途径一一尝试。到艺术学校自荐、参加各种各样的评比和展出、给报纸杂志寄作品、报名参加电视台的互动节目、想方设法接触记者、联系赞助搞个人展、请工艺品店和市场代卖、去印染厂推销自己的图样设计等等，她的尝试有许多都失败了，但她勇敢地承担每一次失败带来的后果。她还曾被中介骗走了所有的作品，也曾被债主逼得走投无路。每失败一次，她都要狼狈不堪地处理善后问题，但她每一次在面临选择的时候，始终把酷爱的剪纸艺术放在第一位。后来，她有了自己的一个小小剪纸工作室，靠剪纸维持自己的生活。她满足了，快乐地认为自己获得了成功，因为日夜与她相伴的是剪纸艺术。最后农家女终于成了远近闻名的"剪纸艺人"。

一位原籍上海的中国留学生刚到澳大利亚的时候，为了寻找一份能够糊口的工作，他骑着一辆旧自行车沿着环澳公路走了数日，替人放羊、割草、收庄稼、洗碗……只要给一日饭吃，他就会暂且停下疲惫的脚步。一天，在唐人街一家餐馆打工的他，看见报纸上刊出了澳洲电讯公司的招聘启事。留学生担心自己英语不地道，专业不对口，他就选择了线路监控员的职位去应聘。过五关斩六将，眼看他就要得到那年薪三万五的职位了，不想招聘主管却出人意料地问他："你有车吗？你会开车吗？我们这份工作要时常外出，没有车寸步难行。"澳大利亚公民普遍拥有私家车，无车者寥若晨星，可这位留学生初来乍到还属无车族。为了争取这个极具诱惑力的工作，他不假思索地回答："有！会！""四天后，开着你的车来上班。"主管说。

四天之内要买车、学车谈何容易，但为了生存，留学生豁出去了。他在华人朋友那里借了500澳元，从旧车市场买了一辆外表残破的"甲壳虫"。第一天他跟华人朋友学简单的驾驶技术；第二天在朋友屋后的那块大草坪上摸索练习；第三天歪歪斜斜地开着车上了公路；第四天他居然拿到驾照驾车去公司报到。时至今日，他已是"澳洲电讯"的业务主管了。

这位留学生的专业水平如何我们无从知道，但他的胆识确实让人佩服。不完美，也给自己留一份希望去努力。如果他当初畏首畏尾地不敢向自己挑战，不给自己以希望，绝不会有今天的辉煌。那一刻，他毅然决然地斩断了自己的退路，让自己置身于命运的悬崖绝壁之上。正是面

上篇 高点定位——目标高，方能攀得高

临这种后无退路的境地，人才会集中精力奋勇向前。从生活中争得属于自己的位置。

　　面对生活，不论希望大小，只要值得我们去期待、去完成、去实现，都是美好的，而当我们在进行的过程中，必然会体会到其中的快乐，生命便也因此更丰盈，更有意义。

第五章 定位是起点，坚持是终点

> 成功者不在于没有失败，只在于不被失败所击倒，面对失败的时候能够保持着越挫越勇的精神，那么失败会激发你的潜能，使自己的人生更上一层楼！如果没有坚持的毅力，就不能长久地激发自己的斗志和拼搏精神，也无法适应人生激烈的竞争，定位无法坚持，成功也就无从言起。

坚持通向胜利

生活中出现的挫折并不可怕，只要不绝望，坚定信心，就完全可以把挫折当作走向成功的转机。不论在什么时候发生了什么事情，你都要记住：厄运与幸运往往是交替出现的。当幸运来临时，固然要把握它，利用它；而当事情开始向坏的方面转化时，或者当所谓厄运当头的时候，就要当机立断地采取行动，将厄运的影响降低到最小，并努力摆脱它所带来的阴影，让生命开始新的征程。逆境之中更要挺起。

在我们遭受挫折，陷入逆境时，我们有一个基本原则可用，而且永远适用。这个原则非常的简单——永远不放弃，坚持就是胜利。

塞内加曾经说过："顺境的好处是人们所希望的，但逆境的好处则是令人惊叹的。"的确，顺境并不是没有许多恐惧和烦恼，逆境也并不是没有许多安慰和希望。在人生路上，遇到了失败，你不要泄气，应该坚持下去，并把它作为人生的转折点，选择目标或探求方法，把失败作为成功的新起点。

乔治经营一家农场，当他因中风而瘫痪时，亲戚们确信他已经没有希望了。但他没有消沉悲观下去，而是要求他的亲戚们在农场中种植谷物，以此作为饲料来养猪，猪肉用来制香肠。几年后，乔治的香肠就被陈列在全美各商店出售。结果，乔治和他的亲戚们都成了拥有巨额财富的富翁。

出现这样美好结果的原因在于：乔治没有在逆境中退却，而是从逆境中获得了前进的动力，学会了在逆境中坚持，他的不幸迫使他运用从来没有真正运用过的思想，确立明确目标，制定计划，并以坚定的信心去实现这一计划。

逆境，也就是不顺利的环境。人生在世不论干事业，还是过日子，都盼望着一帆风顺，遇到一个顺心可意的环境。然而，从长远看，这却是不大可能也不太现实的事。因为，事实上逆境经常像影子一样追随着大家，并不时顽强地显露出来给人们以困扰。无数的事实证明，一个人一辈子一帆风顺的事似乎是没有的。

从某种意义上说，逆境也是机遇，是说逆境是磨刀石，它可以砥砺人们的品格、才气和胆识，可以激发人们奋发向上的毅力和勇气。有位哲人说过："人们最出色的工作，往往是在处于逆境的情况下才能做出。思想上的压力，甚至肉体上的痛苦，都会成为精神上的兴奋剂。"比如事业，我们常说并坚信"前途是光明的，道路是曲折的"，这"曲折"已从根本上明白无误地告诉人们，到达光明前途的道路充满着困难、挫折和坎坷，身处逆境是经常发生的事。但是有些时候，只要在你面对逆境时，坚持下去，那么生命中最大的危机常常会成为最大的转机。

有一个年轻的电台播音员在崭露头角的时候，突然被电台解雇。他当然懊恼万分，可是他回家时，却兴高采烈地对他的妻子宣布："亲爱的，这下子我有机会开创自己的事业了。"年轻的电台播音员一开始就有正确的心态，而他也的确开始了他个人的事业。他自己做了一个节目，后来证明是一个成功的出击，终于他变成美国家喻户晓的电视红星——亚特·林克勒特。

逆境虽非好事，但锻炼了人才，也蕴含着摆脱困扰而再前进的机遇。对一个人来说，逆境就是"清醒剂"，总要有些逆境的遭遇才好，否则极易陷入消沉麻木的境地而失却了激进的锐气。然而，逆境并不保证你会得到完全绽放的胜利花朵，它只提供胜利的种子，你必须找出这颗种子，并以明确的目标，给它养分，并栽培它；否则，它不可能开花结果。成功正冷眼旁观那些企图不劳而获的人。因此，当你遇到挫折时，切勿浪费时间去想你受了多少损失，而应看你从挫折中可以得到多少收获和资产。你会发现，你所得到的比你所失去的要多得多。

很多有目标有理想的人，他们工作，他们奋斗，他们用心去想……但是由于困境过多，他们越来越倦怠、泄气，最终半途而废。怎样才能培养不放弃，打不败的心态？办法之一就是要坚持，因为如果你产生放弃的念头，你可能会说服自己去接受失败。在逆境中，我们会经受各种考验与锤炼，百炼成钢，成就我们非凡的意志、品质和能力。学会在逆境中坚持，它会使你走出黎明前的黑暗，以无限的热情去迎接曙光。

阿利克斯·哈利一直梦想成为一名自由作家，为此，他离开了工作了 20 年的海岸卫队，来到了纽约。他租了一间储藏室居住，这间小屋又阴又冷，而且没有浴室，但他并不在乎这些。于是就在这里开始他的写作生涯。大约过了一年，哈利在写作上仍然没有什么突破，他有些怀疑自己的能力了。推销一篇作品是那么的难，挣的钱勉强能够糊口，但哈利仍然坚持他多年的梦想，继续为之奋斗，即使前面的路充满失败与坎坷。于是在总结经验后，哈利渐渐开始出售一些文章。哈利写了些当时大家所关注的问题，例如民权、美国黑人等。哈利的思绪也回到了他的童年，在他那间静静的小屋里，哈利仿佛又听见了长辈们讲述其家族和奴隶制度的故事，但是这些故事都是美国黑人忌讳谈及的，哈利向来只把它们埋在心底。有一天在和一些编辑们吃午饭时，哈利告诉他们，他想写一部家族史，从他的家族中被贩运到美国的第一代人写起。就这样，午饭后他拿到了一份合同，他们保证给哈利9年的生活费用，让哈利专门从事研究与写作。坚持终于让他获得了成功，他的作品《根》发表了。一瞬间，哈利便获得了几乎是空前的声誉。

我们常可以看到，在缝纫和刺绣时，在阴沉昏暗的底上安排一种明快的花，比在鲜艳的底上安排一种阴沉幽暗的花更令人悦目。眼睛尚且如此，心灵更是可想而知了。你应把挫折当作是使你发现自己思想的特质，以及你的思想和明确目标之间的测试机会。果真如此，它就能调控你对逆境的反应，并能使你继续为目标而努力。

积极的心态会使你成功。当你和失败斗争时，就是你最需要积极心态的时候。尤其当你处于逆境时，你必须花数倍的精力去建立和维持自己积极的心态，同时应用你的自信心及明确目标，将积极心态转化为具体行动。

逆境的改变，往往产生于再坚持一下的努力之后。生活中，我们常常会遇到各种危险情景，却又无能为力，唯一的办法就是咬紧牙关，相信一切都会好起来。

不为舆论吓倒

美国南北战争时期,由于北方军队准备不足,前线的枪支弹药十分缺乏。在摩根的眼中,这是赚钱的好机会。

"到哪才能弄到武器呢?"摩根在宽大的办公室里,边踱步边沉思着。

"知道吗?摩根,听说在华盛顿陆军部的枪械库内,有一批报废的老式霍尔步枪,怎么样,买下来吗?大约 5000 支。"克查姆为摩根提供生财的消息。

"当然买!"这是天赐良机。5000 支步枪!这对于北方军队来说是多么诱人的数字,当然使摩根垂涎三尺。枪终于被山区义勇军司令弗莱蒙特少将买走了,56050 美元的巨款也汇到了摩根的账下。

联邦政府为了稳定开始恶化的经济和进一步购买武器,必须发行 4 亿美元的国债。在当时,数额这么大的国债,一般只有伦敦金融市场才能消化掉,但在南北战争中,英国支持南方,这样,这 4 亿元国债便很难在伦敦消化了。如果不能发行这 4 亿元债券,美国经济就会再一次恶化,不利于北方对南方的军事行动。当政府的代表问及摩根,是否有法解决时,摩根自信地回答:"会有办法的。"摩根巧妙地与新闻界合作,宣传美国经济和战争的未来变化,并到各州演讲,让人民起来支持政府,购买国债是爱国行动。结果 4 亿美元的国债奇迹般地被消化了。当国债销售一空时,摩根也理所当然名正言顺地从政府手中拿到了一大笔酬金。

事情到这里还没有完,舆论界对于摩根,开始大肆吹捧。摩根现在成为美国的英雄,白宫也开始向他敞开大门,摩根现在可以以全胜者的姿态出现了。

1871年,普法战争以法国的失败而告终。法国因此陷入一片混乱中。给德国50亿法郎的赔款,恢复崩溃的经济,这一切都需要有巨额资金来融通。法国政府要维持下去,就必须发行2.5亿法郎的巨债。摩根经过与法国总统密使谈判,决定承揽推销这批国债的重任。那么如何办好这件事呢?能不能把华尔街各行其是的所有大银行联合起来,形成一个规模宏大、资财雄厚的国债承购组织——"辛迪加"!这样就把需要一个金融机构承担的风险分摊到众多的金融组织头上,无论在数额上,还是所冒的风险上都是可以被消化的。

当他把这种想法告诉克查姆时,克查姆大吃一惊,连忙惊呼:"我的上帝!你不是要对华尔街的游戏规则与传统进行挑战吧?"克查姆说的一点也不错,摩根的这套想法从根本上开始动摇和背离了华尔街的规则与传统。而且是对当时伦敦金融中心和世界所有的交易所、投资银行的传统的背离与动摇。当时流行的规则与传统是:谁有机会,谁独吞;自己吞不下去的,也不让别人染指。各金融机构之间,信息阻隔,相互猜忌,互相敌视。即使迫于形势联合起来,各方为了自己的最大利益,联合也会像春天的天气,说变就变。各投资商都是见钱眼开的,为一己私利不择手段,不顾信誉,尔虞我诈。闹得整个金融界人人自危,提心吊胆,各国经济乌烟瘴气。当时人们称这种经营叫海盗式经营。而摩根的想法正是针对这一弊端的。各个金融机构联合起来,成为一个信息相互沟通、相互协调的稳定整体。对内,经营利益均沾;对外,以强大的财力为后盾,建立可靠的信誉。

其实摩根又何尝不知这些呢?但他仍坚持要克查姆把这个消息透漏出去。摩根凭借着过人的胆略和远见卓识看到:一场暴风雨是不可避免的，但事情不会像克查姆想像得那么糟，机会会到来的。如摩根所预料的那样，消息一传出，立刻如在平静的水面投下一颗重磅炸弹，引起一阵轩然大波。"他太胆大包天了！""金融界的疯子！"摩根一下子被卷入舆论争论的漩涡中心，成为众目所视的焦点人物。

摩根并没有被这种阵势吓倒，反而越来越镇定，因为他已想到这正是他所预期的，机会女神正向他走来。在摩根周围，反对派与拥护者开始聚集，他们之间争得面红耳赤。而摩根却缄口不言，静待机会的成熟。《伦敦经济报》对此猛烈抨击道："法国政府的国家公债由匹保提的接班人——发迹于美国的投资家承购。为了消化这些国债想出了所谓联合募购的方法，承购者声称此种方式能将以往集中于某家大投资者个人的风险，透过参与联合募购的多数投资金融家而分散给一般大众。乍看之下，危险性似乎因分散而减低。但若一旦发生经济恐慌，其引起的不良反应将犹如排山倒海般快速扩张，反而增加了投资的危险性。"而摩根的拥护者则大声呼吁："旧的金融规则，只能助长经济投机，这将非常有害于国民经济的发展，我们需要信誉。投资业是靠光明正大获取利润，而不是靠坑蒙拐骗。"随着争论的逐步加深。华尔街的投资业也开始受到这一争论的影响，每个人都感到华尔街前途未卜，都不敢轻举妄动。

舆论真是一个奇妙的东西，每个人都会在它的脚下动摇。软弱者在舆论面前，会对自己产生疑问。而只有强者才是舆论的主人，舆论是强者的声音。在人人都感到华尔街前途未卜，在人人都感到华尔街不再需要喧闹时，华尔街的人们开始退却。"现在华尔街需要的是安静，无论什么规则。"这时，人们把平息这场争论的希望寄托于摩根，也就是在此时，人们不知不觉地把华尔街的指挥棒交给了摩根。摩根再次为机会女神青睐了。摩根的战略思想，敏锐的洞察力、决断力，都是超乎寻常的。他能在山雨欲来风满楼的情形下，表现得泰然自若，最终取得胜利。这一切都表明，他的胜利是一个强者的胜利，而不仅仅是利用舆论的胜利。

摩根作为开创华尔街新纪元的金融巨子，一生都在追求金钱中度过，他赚的钱不下百亿，但他的遗产只有1700万美元。

摩根从投机起家，却对投机深恶痛绝，并因此成功地针对华尔街的这一弊端加以改造，创造了符合时代精神的经营管理体制。他为聚敛财富而不择手段，而他却又敬重并提拔待人忠诚的人。

摩根在他将度过76岁生日时逝去，他成功的经营战略，至今仍影响着华尔街。

做大生意的人，总是在舆论之前发现致富的秘诀，开始会为外界所疑惑，甚至遭到舆论的攻击。但是他们沉着面对，并不改变自己的想法，因为大部分还没有看到隐藏的机遇，而走在别人的前面，就比他人更靠近财富一点。尘埃落定之后，人们常常惊叹他们的先见之明。却不知这先见之明来源于见识的广远和对自我的坚守，即使绝大多数的人反对也不会改变。

不要在意别人的看法

美国著名女演员索尼亚·斯米茨的童年是在加拿大渥太华郊外的一个奶牛场里度过的。

当时她在农场附近的一所小学里读书。有一天她回家后很委屈地哭了，父亲就问原因。她断断续续地说："班里一个女生说我长得很丑，还说我跑步的姿势难看。"

父亲听后，只是微笑，然后开口说道："我能摸得着咱家的天花板。"

正在哭泣的索尼亚听后觉得很惊奇，不知父亲想说什么，就反问："你说什么？"

父亲又重复了一遍："我能摸得着咱家的天花板。"

索尼亚忘记了哭泣，仰头看看天花板：将近4米高的天花板，父亲能摸得到？她怎么也不相信。父亲笑笑，得意地说："不信吧？那你也别信那女孩的话，因为有些人说的并不是事实！"

就这样，索尼亚明白了，不能太在意别人说什么，要自己拿主意！

她二十四五岁的时候，已是个颇有名气的演员了。有一次，她要去参加一个集会，但经纪人告诉她，因为天气不好，只有很少人参加这次集会，会场的气氛有些冷淡。经纪人的意思是，索尼亚刚出名，应该把时间花在一些大型活动上，以增加名气。但索尼亚坚持要参加这个集会，因为她在报刊上承诺过要去参加，"我一定要兑现诺言"。结果，那次雨中集会，因为有了索尼亚的参加，广场上的人越来越多，她的名气和人气因此骤升。

后来，她又自己做主，离开加拿大去美国演戏，从而闻名全球。

人有一个习惯：太在意别人说什么，太容易被别人影响自己。记住一句话：你的人生是你自己的，谁也不能代替你来过，干嘛还要让别人左右你的大脑呢？成功者无一例外，他们喜欢自己拿主意，这并不是一意孤行，而是忠于自己，相信自己。人生路漫漫，很多时候你必须自己拿主意！

永远坚持自己，激发你的潜能

永远坚持自己，无论你拥有怎样的雄心壮志，都要集中精力为之努力，而不要左顾右盼、意志不坚。不要给自己留畏缩的退路，一心一意为了理想而奋斗。只有集中精力才能获得想要的成功。

在人的一生当中，总会遇到各种困难与挫折，在这种情况下，要勇敢地对自己说声"我能行"。

每个人都渴望成功，但是在成功的路上总会充满荆棘，如果你放弃，那么你永远不会成功；如果你不断地坚持，告诉自己能行，总有一天你会得到成功。

卡耐基说："要想成功，必须具备的条件是：以欲望提升自己，以毅力磨平高山，以及相信自己一定会成功。"永远坚持自己，假如你真的能做到，那么你离成功已经不远了。

假若你的动力足够大，那么与之匹配的能力也将随之而至。在你面前如果有十分有吸引力的奖品在激励着你，那么，你一定可以变得更加敏捷，更加细致而勤奋，更加机智而思虑周全，而且会有更加稳健清晰的头脑，你也一定会获得更好的判断力和预见力。

每个人都有巨大的潜能，只是有的人潜能已苏醒，有的人潜能却还在沉睡中。任何成功者都不是天生的，成功的关键在于开发出了无穷无尽的潜能。只要你能持有积极的心态去开发自我的潜能，就会有用不完的能量，你的能力就会越用越强，你离成功也就不远了。反之，假如你抱着消极的心态，不去开发自己的潜能，任它沉睡，那你就只能自叹命运不公了。

曾有一个农夫在高山之巅的鹰巢里捉到一只小鹰,他把小鹰带回家中,养在鸡笼里面。这只小鹰与鸡一起啄食、嬉闹和休息,它认为自己也是一只鸡。这只鹰渐渐长大了,羽翼也丰满了,主人想把它训练成猎鹰,可是,终日与鸡混在一起,它已变得与鸡完全一样了,根本没有飞的能力了。农夫试了各种各样的办法,都毫无效果,最后把它带到了山顶上,一把将它扔了下去。这只鹰,像一块石头似的,直掉下去,慌乱之中它拼命地扑打着翅膀,就这样,它终于飞了起来。

或许你会说:"我已懂你的意思了。但是,它本来就是鹰,不是鸡,它才能够飞翔。而我,或许原本就是一个平凡的人,我从来没有期望过自己能做出什么了不起的事情来。"这正是问题的所在——你从来没有期望过自己做出什么了不起的事来,你只把自己钉在自我期望的范围内。

事实上,开启成功之门的钥匙,必须由你自己亲自来锻造,而这正是释放你的潜能、唤醒你的潜能的过程。

不要总是自惭形秽

缺乏自信常常是性格软弱和事业不成功的一大主要原因。

有一个美国外科医生,他以高超的面部整形手术闻名遐迩。他创造了很多奇迹,经整形把许多外表丑陋的人变成面部非常漂亮的人。渐渐地他发现,某些接受手术的人,虽然为他们做的整形手术很成功,但是仍然找他抱怨,说他们在手术后还是不够漂亮,说手术没什么成效,他们自感面貌依旧。

于是，医生悟出这样一个道理：美与丑，并不仅仅在于一个人的本来面貌如何，还在于他在心里是如何看待自己的。

一个人如果自惭形秽，那他就不会成为一个自信的人，同样，如果他总是觉得自己很笨，那他就成不了聪明人；他不觉得自己心地善良——即使在某些时候还做好事，那他也成不了善良之人。

自卑的心态就像一条啮噬心灵的毒蛇，不仅吸食心灵的新鲜血液，让人失去拼搏的勇气，还在其中注入厌世和绝望的毒液，最后让健康向上的心灵慢慢枯萎。

在人生崎岖的道路上，自卑这条毒蛇随时都会悄然的出现，尤其是当人迷惑、劳累困乏时，更要加倍的警惕。偶尔短时间地滑入自卑的状态是很正常的现象，但长期处于自卑之中就会酿成人生的灾难了。

只有控制住自卑心态，人们才敢于积极进取，成为一个有主动创造精神的人；才能开拓事业的新局面，为成功打下坚实的基础；也才会有良好的人生态度，活得开朗、开心；才会勇于承担责任，成为一个有责任心的人。只有摒弃自卑，才会在平时积极思考；才会积极跨越各种各样的障碍，成为一个不怕困难的人；才会积极主动地去结交新朋友，改善和老朋友的关系。

自卑的根源在于过分低估自己或否定自我，过分重视他人的意见，并将他人看得过于高大而把自我看得过于卑微。你总是把自己认为的劣势时刻放在脑子里，提醒自己的不足，并把这些不足与他人的优势相比较。因而，越比越觉得自己不如他人，越比越觉得自己无地自容，从而忽略了自身的优势，打击了自信心。

假如让自卑控制了你，那么，你在自我形象的评价上会毫不怜悯地贬低自己，不敢追求满足自我的欲望，不敢在他人面前申诉自己的观点，不敢向他人表白自己的爱情，行为上不敢挥洒自己，总是显得很拘谨畏缩。同时，对外界、对他人，特别是对陌生的环境和陌生人，心存一种畏惧。出于一种本能的自我保护，便会与自己畏惧的东西隔离和疏远，这样便将自己囚禁在一个孤独的城堡之中了。假如说别的消极情绪可以使一个人在前进路上暂时偏离目标或减缓成功速度，那么一个长期处于自卑状态的人根本就不可能有成功的希望，甚至已有的成绩也不能唤起他们的喜悦、兴奋和信心，只是一味地沉浸在自己失败的体验里不能自拔，对什么都不感兴趣，对什么都没有信心，不愿走入人群，拒绝别人接近。

拥有积极的心态，你才能成为你希望成为的人。你是否拥有积极的心态呢？你相信自己会拥有吗？拥有积极心态是一种能力和自信的表现，如果对自己的能力有自信，珍惜和把握你身边良好的客观条件，真正的幸福不会和你擦肩而过。

心理学家做过这样一个试验：他从一个班的大学生中挑出一个最丑陋、最不讨人喜欢的姑娘，要求她的同学们改变对她已往的看法，反而都争先恐后地照顾这位姑娘，向她献殷勤，努力找出她身上值得赞赏的地方来表扬她，大家假戏真做，打心里认定她就是位漂亮聪慧的姑娘。结果出人意料！半年以后，这位姑娘出落得很好，连她的举止也大方得体跟以前判若两人。她快乐地对人们说：她获得了新生。确实，她并没有变成另一个人——然而在她的身上却展现出一种蕴藏的美，这种美只有在我们相信自己，周围的所有人都肯定我们、爱护我们的时候才会展现出来。

世界上有大多数不能走出生存困境的人，都是由于对自己信心不足，他们就像一棵脆弱的小草一样，毫无信心地去经历风雨，这就是一种可怕的自卑心理。所以有这种想法的人一定要认识到其中危害，积极摆脱自卑的控制，明白每个人活在世上都有它的意义和用处，不必太苛求自己，也不要太在意别人的看法，只要自己努力，就同样会发光发热。

你也拥有潜藏的财富

　　每个人都渴望成功，当然我们自己也不例外，没有哪个人不想去做一个最好的自己。现实中，只要我们努力了，奋斗了，我们就能比现在做得更好，成为更有能力的人。只要我们遵循心中所想，敢于去做，持之以恒而不随波逐流，新的动力会在我们的心中形成，我们的生命必将会展现出一种新景象。

　　王成和李雄来自南方的同一座小镇，那里交通闭塞，经济落后，当地居民的经济收入比较低，生活状况也非常的落后。但是，由于他们来到了都市，经过在大学的学习之后，在他们两个人的心中都产生了决定为改变家乡面貌而努力的愿望，为了这个愿望，他们对自己设计的蓝图充满信心，于是他们的言谈变得更加雄心勃勃，他们都有一个共同的梦想，他们渴望有一天能通过某种方式，可以成为村里最富有的人。他们聪明而且勤奋，他们想他们需要的只是机会，如果时机成熟，他们就一定会获得成功。

　　大学毕业后，他们回到了家乡。等回到家乡之后，他们才发现，无论从哪个方面来讲创业条件都太差了，这对王成和李雄无疑是一种打击。面对这种打击，王成变得消极起来，而李雄却充满信心，他相信：只要心怀梦想，机会总会出现的。

　　一年之后的一天，机会来了。乡里决定投资办一个乡镇企业，由于王成和李雄都具有丰富的专业知识，又有高学历，经过乡领导的协商，决定把筹建乡镇企业和以后的管理工作交给王成和李雄。接到任命书后，王成和李雄都开始行动起来。几天之后，他们跑遍了工商和税务，终于把各种手续办齐了，之后，他们开始了自己的事业。两年之后，他们创办的乡镇企业终于盈利了，按照创办前的协议，王成和李雄在第二年年底每人就分到了 20 万元人民币。他们之中的王成大喊着："我们的梦想实现了！我简直无法相信我们的好福气。"但李雄却没有这样想，他认为这两年来，由于技术的落后，他看到工人们每天的工作非常的辛苦，在拿到钱的当天，他发誓他要将这笔钱充分运用到事业中，研究出一种能够替代人来承担重体力劳动的设备。

李雄想到这里就立即采取行动，他很快就制定出方案，他开始了人工智能机器人的试制。他刚一说出这个方案，王成就极力反对，他认为他们已经有了一份很不错的工作应该满足了。在他看来，每天工作八小时，而且按照现在的工作量，一年获得 10 万元的薪资已经不错了，过不了两年，他就可以是村里最富有的人，他可以住进别墅，可以购买轿车，去过心安理得的生活了。

但李雄却不这样想，他认为让职工每天干那些比较笨重的工作，对员工来讲是自己太不负责了。只要改变现在的工作方式，他们的员工将会过得更加愉快。同时，企业的生产效率也会得到大幅度地提高，于是他耐心地向王成解释，但王成毫无心动。李雄是一个从不气馁的人，在遭到王成的拒绝后，他开始了单独行动，他除了每天干好自己的本职工作外，利用一切业余时间研究人工智能机器人。他知道，按照他手里的资金，是不能购买人工智能机器人的，只能靠自己的研制来实现了。同时他也知道，尽管自己研制人工智能机器人比较困难，但他相信，只要自己坚持下去，总会成功的。在这样的信念支持下，经过半年的努力，他终于研制成功了人工智能机器人。人工智能机器人一投入使用，李雄所领导的部门不再干着粗重的体力活了，只要他使机器人工作起来，他和他的员工就可以在一旁休息了，这之后他有更多的时间来思考企业的发展。后来，他创办了自己的企业，取得了杰出的成绩。

其实，每个人都有一个潜藏的财富，如果我们要想成就一番事业，就要有自己的想法，并坚持做下去，直到成功。只有从内心深处迸发出这种强劲的力量，才能驱使我们奔向光明的未来，才能激励我们去唤醒心中沉睡的潜能，进而迸发出无穷的才干和活力。我们如果能够发挥自身的潜能，就能抓住现在，不再沉溺于过去的岁月中，就不会为琐事烦心，就能规划好自己的人生，就能克服无知的障碍。敢于利用自身所拥有的才智，使自己变得更强大、更出色。

满怀必胜的信念

石油大王洛克菲勒曾说过："即使拿走我现在的一切，只留下我的信念，我依然能在 10 年之内夺回它们。"虽然这仅仅是一个假设，但我们可以看到信念对于一个人的重要。

当然，信念需要行动来贯彻，假若怀抱着一生的信念，却守株待兔，那你至多只是个空想主义者。一张地图，无论多么详尽，也不能把你带到目的地。只有行动，才能把你送到想去的地方。而行动，正是通过信念来指导的。

世上只有那些有眼光而又善于抓住机会的人，才能拿自信的钥匙打开成功的大门。自信的人敢于当机立断，摆脱依赖，抛弃拐杖，把握时机。

1952 年 5 月，日本企业家早川德次到美国去参观电视机厂，并向他们提出了技术合作建议，希望将这技术引到日本。回国后，他准备向政府申请制造电视机。

在当时全日本只有早川德次提倡发展电视机生产，其他的家电业厂商大多对生产电视机持怀疑态度。不但如此，他们还嘲笑早川德次："电视在日本根本没有远景可言，仅仅是生产设备就要一笔巨额投资，为什么要在前途未卜的情况下下这样大的赌注呢？"

早川德次并不理会这些冷嘲热讽，从1952年开始，他就大胆投资，建造电视工厂，生产黑白电视机。早川德次非常自信，他预测他的决策是正确的，他的公司在不久的将来一定会赚钱。

过了不多久，又赶上一个大好时机，日本第一家民营电视台宣告成立，开始播出节目。荧光屏上所出现的奇观吸引了无数的观众。电视机从此渐渐被人接受，有很多人开始买电视机，早川德次生产的电视机销售量逐渐扩大，他从电视机生产中获取的高额利润，使日本企业家眼红，原来那些对他不屑一顾的厂商也争先恐后投资生产电视机。

早川德次正是一个自信自立的人，他有自己的主见，并且相信自己，他获得了成功。可见，只有自信的人才能抓住机会，赢得成功。否则，只能眼睁睁地看着别人走路。

我们一般不会察觉，我们所有的行动都是符合一个信念框架的。每个行动的背后都有一个正面的意图。我们所做的事情总是有某些依据、某些目的，但作出行为的那一个人并不是马上就可以看清楚这些，至于观察这个行为的其他人，就更不用说了。

我们的行动就是信念的证据。信念对行动的影响有正面的也有负面的效果。假若影响行动的一个自我信念是这么说的："我是一个思想自由的人，我就是我自己，我不是一些琐碎规矩的奴隶。"这个行动就有了一个解释，并且会归因于那个信念。但是，假如另一个自我信念说："我是杂乱无章的。"这个行动就很有可能连同其他数以百计的没有其他明显理由的行动，在"我是杂乱无章的"这个心理架构里找到安身立命的所在，并且不断支撑和增强这个信念。这样，这个杂乱无章的自我形象就会更加强化了。在日常生活中，这一类令人丧失力量的信念越强，就有越多的日常行动受它们的影响。

由此，对于信念，就有一个去伪存真的任务。辨别好的信念，自我暗示好的信念，就等于为自己建了一座稳固的灯塔，找到了一处甘泉的源头。

跌倒了，就再爬起来

每个人的人生之路都不会一帆风顺，遭受挫折和不幸在所难免。成功者和失败者非常重要的一个区别就是对挫折与失败的看法：失败者总是把挫折当成失败，从而使每次挫折都能够深深打击他胜利的勇气；成功者则是从不言败，在一次又一次挫折面前，总是对自己说："我不是失败了，而是还没有成功。"一个暂时失利的人，如果鼓起勇气继续努力，打算赢回来，那么他今天的失利，就不是真正的失败。相反地，如果他失去了再战斗的勇气，那就是真输了！

美国著名的电台广播员莎莉·拉菲尔在她30多年职业生涯中，曾经被辞退18次，可是她每次都调整心态，确立更远大的目标。最初由于美国大部分的无线电台认为女性不能打动观众，没有一家电台愿意雇佣她。她好不容易在纽约的一家电台谋求到一份差事，不久又说她思想陈旧，将其辞退。莎莉并没有因此而灰心丧气、精神萎靡。她总结了失败的教训之后，又向国家广播公司推销她的清谈节目构想。电台勉强答应录用，但提出要她在政治台主持节目。

"我对政治了解不深，恐怕很难成功。"她也一度犹豫，但坚定的信心促使她大胆地尝试了。她对广播已经轻车熟路，于是她利用自己的长处和平易近人的作风，抓住7月4日国庆节的机会，大谈自己对此的感受及对她自己有何种意义，还邀请观众打电话来畅谈他们的感受。听众立刻对这个节目产生了兴趣，她也因此而一举成名。后来莎莉·拉菲尔成为自办电视节目的主持人，并曾两度获得重要的主持人奖项。她说："我被人辞退过18次，本来可能被这些厄运吓退，做不成我想做的事情，结果相反，我让它们把我变得越来越坚强，鞭策我勇往直前。"

如果一个人把眼光拘泥于挫折的痛感之上，他就很难再有心思想自己下一步如何努力，最后如何成功。一个拳击运动员说："当你的左眼被打伤时，右眼就得睁得更大，这样才能够看清敌人，也才能够有机会还手。如果右眼同时闭上，那么不但右眼也要挨拳，恐怕命都难保！"拳击就是这样，即使面对对手无比强劲的攻击，你还是得睁大眼睛面对受伤的感觉，如果不是这样的话一定会失败得更惨。其实人生又何尝不是如此呢？

大哲学家尼采说过："受苦的人，没有悲观的权利。"既然已经在承受巨大的痛苦了，那就更要想开些，悲伤和哭泣只能加重伤痛，所以不但不能悲观，反而要比别人更积极。红军二万五千里长征过雪山的时候，凡是在途中说"我撑不下去了，让我躺下来喘口气"的人，很快就会死亡，因为当他不再走、不再动时，体温就会迅速降低，跟着很快就会被冻死。在人生的战场上又何尝不是如此，如果失去了跌倒以后再爬起来、在困难面前咬紧牙关的勇气，就只能遭受彻底的失败。

很多人这样对自己说：我已经尝试过了，不幸的是我失败了。其实他们并没有搞清楚失败的真正涵义。

著名的文学家海明威的代表作《老人与海》中有这么一句话："英雄可以被毁灭，但是不能被击败。"跌倒了，爬起来，你就不会失败，坚持下去，你才会成功。不要因为命运的不公而俯首听命于它，任凭它的摆布。等你年老的时候，回首往事，就会发觉，命运只有一半在上帝的手里，而另一半则由你掌握，你一生的全部就在于：运用你手里所拥有的去获取上帝所掌握的。你的努力越超常，你手里掌握的那一半就越庞大，你获得的就越丰硕。

在你彻底绝望的时候，别忘了自己拥有一半的命运；在你得意忘形的时候，别忘了上帝手里还有一半的命运。你一生的努力就是：用你自己的一半去获取上帝手中的一半。

下篇 低点起步 走得稳，方能行得远

成功需要高点定位，但有了远大目标之后，却不能眼高手低，导致小事不愿做，大事做不了，结果心比天高，命比纸薄。反而更应该从低起步，从小处着手，也就是脚踏实地的从基层锻炼，认真做好自己每份工作，一步一个脚印，这样位置才更稳，以后也才会有更好的发展。

第六章 低层锻炼，为成功筑就坚实基础

> 水往低处流，人往高处走，每个人都希望有个良好的前程，但不少人虽然有较高的文化水平，具有创新精神。但是，由于缺乏基层实践的经验，解决复杂问题的实际工作能力却显得不足，也很难驾驭全局，结果让自己的前途蒙上阴影。"纸上得来终觉浅，绝知此事要躬行"。只有积极投身实践，从底层做起，我们才能熟悉行业核心，才能在复杂环境中增长才干，从而在以后担任重要职务时游刃有余。

伟大都是从平凡开始的

吉琳娜出生的地方是个有名的"下只角"，即地段偏远、住房简陋、环境杂乱的地区。吉琳娜从小就从别人的眼光中看出了对那儿的看法。她也不喜欢那儿污浊的空气，不喜欢那儿满街的粗话，她想离开那儿。

对于"想"这一动作，有人想想就算了，但吉琳娜却不像别人那样想想就算了，她一步一步地努力着。她从不会一窝蜂地和别的女孩子上街抢购大减价的"时尚精品"，她留意着"上只角"（即地段高档、住宅精良、环境幽雅的地段）女孩子的穿着打扮，然后自己买布请裁缝

按照自己画的样子进行加工。

业余时间，她也不会像别的女孩子那样逛街、聊天，她去了美术馆、博物馆，虽然刚开始不懂，但听过讲解员多讲几遍，也懂得了很多东西。就是什么也不学，从里面出来，那种感觉也不一样。她还是图书馆里的常客，一开始是报上说哪本书好就看哪本书，后来慢慢地品出点味道，自己也会挑书看了。渐渐地，邻居们都有些敬重她，即使走出去也没人想到她是来自"下只角"的姑娘了。

技校毕业后，吉琳娜并没有像别的女孩那样急于嫁人，而是直接去读了夜大，拿了个大专文凭，然后换了个单位，干得不错。从此，就离开了"下只角"。

俗话说，"龙生龙，凤生凤，老鼠的儿子会打洞"。这句话似乎预示着命运是天生的，但也有俗话说，"龙生九子，九子不同"，"鸡窝里飞出金凤凰"。这说明命运不是一成不变的。这两句话看似矛盾，但确实是人成长的真实写照。

我们都知道，外部环境对一个人的影响是及其深远的。因此，有的人就说，既然环境对人的影响如此重大，那我的努力奋斗还有什么意义？其实不然。外界对自己的影响是存在的，但影响的程度则是自己可以控制的，自我意识在个人的成长中可以起主导的作用。

所以，有的人就抱怨自己没有找到一个好的工作单位，总以为只有好的工作环境，才能出人才；平凡的工作岗位，是不可能造就人才的。

在各种平凡的岗位上，同样可以出人才。著名的厨师、出色的泥瓦匠、优秀的售货员……"泥人张"、"崩豆张"，谁能说他们不是人才呢？文凭不等于人才，三百六十行，行行出状元。

平凡与伟大是同一事物的两个侧面。从横向看，每天的工作都很平凡，但是把每一件平凡的工作做好，做得比人家好，好上加好，就创造了不平凡；从纵向看，千里之行，始于足下，一切要从平凡的工作做起，努力在低处平凡的工作中做出不平凡的业绩。任何岗位都能出成果，出人才，出奇迹，关键看你怎么干。目标要远大，工作却是平凡的。不要抽象地追求"伟大"，而要把平凡工作做成伟大。

2002年诺贝尔化学奖获得者日本的田中耕一，既非教授，又非硕士、博士。他只是"日本企业最底层"的一名普通工程师，一个名不见经传的小人物，甚至连同行专家对他也一无所知。田中很少发表论文，但他默默无闻，潜心钻研，于1987年发表第一篇论文，在高分子研究领域提出了性质界定和结构解析的原创思想。经过十几年实践，这个思想已发展成为世界感应度、精确度最高的生物高分子分析方法，受到欧美学术界高度评价，终于成为此次获奖的重要凭据，诺贝尔化学奖评委主席称田中耕一是开启生物大分子新研究领域大门的第一人。

田中耕一的获奖让日本人吃了一惊，也给我们很多启示：平凡中孕育伟大，伟大是从平凡开始的。这个道理浅显易懂，生活中这样的事例也到处可见。平凡中的小事有时也体现了伟大之处。不要轻看那一滴水、一粒种子、一缕阳光、一颗小小的螺丝钉，正是这点点滴滴、<u>丝丝缕缕、颗颗粒粒</u>，汇集起来，灌溉的是良田万顷，照亮的是芸芸众生，哺育的是新的生命！

成功的事业未必一定灿烂，平凡的岗位也有壮阔波澜，只要我们信念执著，只要我们激情永驻，只要我们懂得坚守，只要我们乐于从低起步，平凡就会因此而光华灼灼，就会因此而熠熠生辉。

地位低下时正好选择崛起

古往今来，不论是国内还是国外都有很多在较低地位中崛起的有志青年，他们都生长在地位较低的家境中，但他们又都是不屈服于贫困的，经过他们自己的顽强拼搏，最后他们不仅提升了自己，而且还被当成楷模而永远被人铭记。

安徒生，是一个众所周知的童话作家，他的童话深受全世界人民的喜欢，他曾经这样描叙自己的一生："当我还在摇篮里牙牙学语时，地位就露出了它狰狞的面孔。我深深体会到，当我向母亲要一片面包而她手中什么也没有时是什么滋味。我承认我家确实穷，但我不甘心。我一定要改变这种状况，我不会像父母那样生活，这个念头无时无刻不缠绕在我心头。可以说，我一生所有的成就都要归结于我这颗不甘为人下的心。我要到外面的世界去。在10岁那年我离开了家。当了11年的学徒工，每年可以接受一个月的学校教育。最后，在11年的艰辛工作之后，我得到了一头牛和六只绵羊作为报酬。我把它们换成钱。从出生到21岁那年为止，我从来没有在娱乐上花过一分钱，每分钱都是经过精心计算的。我完全知道拖着疲惫的脚步在漫无尽头的盘山路上行走是什么样的痛苦感觉，我不得不请求我的同伴们丢下我先走……在我21岁生日之后的第一个月，我带着一队人马进入了人迹罕至的大森林里，去采伐那里的大圆木。每天，我都是在天际的第一抹曙光出现之前起床，然后就一直辛勤地工作到天黑后星星探出头来为止。在一个月夜以继日的辛劳努力之后，我获得了六个美元作为报酬，当时这在我看来，可真是一个大数目。每个美元在我眼里都跟今天晚上那样又大又圆、银光四溢的月亮一样。"

在这样的穷途困境中，安徒生下定决心，一定要改变境况，决不接受不平等的地位。周围环境会变，但他那颗渴望改变地位的心永远不变。他决意不让任何一个发展自我、提升自我的机会溜走。很少有人能像他一样理解闲暇时光的价值。

他像对待黄金一样紧紧地抓住零星的时间，不让一分一秒无所作为地从指缝间溜走，他抓住每分钟去读书，去寻找可以改变命运的机会。他学过皮匠手艺，学过画，他风尘仆仆地经过了波士顿，在那里可以看见帮克、希尔纪念碑和其他历史名胜。

就像一心朝圣的信徒，安徒生把自己逼到了一条通往圣地的道路上。那条路上，有手执长矛的堂吉诃德，有卡夫卡笔下那孤高幽闭的"饥饿艺术家"。最后，他终于脱颖而出，赢得了全世界的认可，同时，也彻底升华了自己。

安徒生生于贫困之中，然而他又是富有的。他唯一的最大的财富就是他那颗不甘人下的心，也正是这颗心把他推上显赫地位。

人生有许多东西，你不得不承认它，但接受不接受则又是另外一回事。只要你拥有一颗上进的，想摆脱贫困的心，并且为之不懈地努力，你就能够从低处崛起，走到受人尊敬的高位。而如果安于现状，不思进取，则可能只会一辈子待在低处！

打好上天发给你的破牌

目前的生存状态会影响到你如何给自己定位，但这种影响不应是决定性的。如果只是一味抱怨自己为什么生在一个普通人家里而不是一位高官或富商的子弟，那么他永远也不会有什么出息。一个人平常总会因为自身条件的限制遇到不顺心的事，一味为此生气，不如承认现实，从低点起步去改变这一现实。

一个小男孩晚上与家人一起玩牌，连续几次抓的牌都很差，结果全输了。于是，他开始抱怨自己手气不佳，运气不好。这时，男孩的母亲突然停止了玩牌，她严肃地对小男孩说："无论你手中的牌怎样，你都必须接受它，并尽最大努力玩好自己的牌！"小男孩望着母亲那严肃认真的面孔，愣了愣神，母亲接着说道："人生也是如此，上帝为每个人发牌，你无法选择牌的好坏，但你可以用好的心态去接受现实，并竭尽全力，让手中的牌发挥出最大的威力，获得最好的结果。"

从此以后，小男孩一直牢记着母亲的这番教诲，他不再抱怨自己的命运，而是以良好的心态去迎接人生的每一次挑战。就这样，他从得克萨斯州的农村默默无闻地走了出来，一步步成为陆军中校、盟军统帅、美国总统。这个小男孩，就是艾森豪威尔。

这个故事告诉了我们一个道理：越是在低处，越要弓起身子努力向上爬，越是在逆境之中，越要保持良好的心态，为自己争口气——这是你的唯一出路。

1929年林勇强生于中国上海。十几岁时，父亲将他送到美国深造，以图出息。到了美国以后，林勇强毫不犹豫地选择了金融专业。他先是进入康涅狄格州韦斯利安大学，后又转入波士顿大学。

在波士顿大学读书期间，林勇强学习刻苦，办事努力认真，是一个非常优秀的留学生。金融专业成绩一直非常突出。仅用两年时间，就获取了经济学学士学位。1949年，他在20岁那一年，又获得了经济学硕士学位。

此时具有硕士头衔的林勇强，却阴差阳错地到了一家规模、影响都不太大的股票经纪行——巴克公司，在公司里当上了一名小小的初级证券分析员，周薪只有 50 美元！显然，他拿到的这张牌糟透了。

但他接受了，在他看来，金融市场与商品市场不同。金融市场是以资金代替商品进行交易，流通和使用的是成千上万种证券和票据等信用凭证。在金融市场中，最富传奇色彩、最变幻莫测、最具吸引力的莫过于股票交易了。而这恰恰能够激发出自己非凡的创造力，可以挑战自己的极限。

因为赌着一口气，林勇强就像一座喷发的"火山"，释放出无穷的智慧。他冷静分析投资趋势，科学判断市场行情，果断采取发展策略……林勇强的努力使公司基金的年收益以 50% 的速度增长！如此高效益、高速度在公司发展史上是绝无仅有的，在整个金融界也属罕见。他通过在股票操作赢利中的提成已拥有了公司 20% 的股份。也就是在此时，林勇强的事业开始了一个新的阶段。

傲慢与偏见历来是西方人针对东方人的态度，尤其是某些美国人对华人，这种态度激怒了流淌着炎黄子孙血液的林勇强。1965 年，公司董事长因年龄原因退休，需有人接替。在这个问题上，外界和公司内部似乎已有定论，因林勇强的贡献和长达七年的经营实践，应是众望所归，非林勇强莫属。他本人也颇为自信，认为从自己的才能和在公司所占的股份来看，胜券在握。林勇强踌躇满志，开始酝酿新的发展计划，决心在董事长的位置上将公司推向新的高度。

但是事情并非像他所想的那样，退休的董事长却在此时暴露出某些美国人对华人的偏执、狭隘、傲慢的心理。他对林勇强的才华视而不见，对这些年公司取得的发展似乎无动于衷，在他的眼里看到的仅仅是——黄皮肤的华人！林勇强一怒之下，将自己在公司 20% 的股份悉数卖掉并辞去经理职务。

也就是在 1965 年，林勇强拿出卖股票所得的 220 万美元的一部分，独自注册成立了自己的公司——林氏管理和研究基金公司，主要从事经营互惠基金和投资研究、咨询等业务。

1969年2月，时年40岁的林勇强已成为曼哈顿互惠基金会董事长。由于林勇强的声名和林氏公司的良好业绩，此时的他正好利用这一点扩大自己的资本、实力和影响。于是，林勇强运筹帷幄、审时度势，果断向社会发行曼哈顿互惠基金股票。股票一上市，就引起了轰动，许多人纷纷抢购，该股的上市一举打破华尔街股票发行的纪录！

在旁人看来，拥有高学历的林勇强为了区区50美元而屈身于小小的巴克股票经纪行，未免太不值。然而，林勇强却把它当作打好手里这张坏牌的一个良机。林勇强的成功，不也正是高点定位与低点起步相结合的典范吗？只要你自己不放弃，无论身处怎样的低位，你都还有走向高处的可能。

从最基层开始，一步步接近成功之巅

拥有一定能力的人，如果没有合适的机会，不妨从基层起步，积累经验，一旦时机成熟，就果断捕捉，展现不平庸的一面。

维斯卡亚公司是美国20世纪80年代最为著名的机械制造公司，其产品销往全世界，并代表着当时重型机械制造业的最高水平。许多人毕业后到该公司求职遭拒绝，原因很简单，该公司的高技术人员爆满，不再需要各种高技术人才。但是令人垂涎的待遇和足以自豪、炫耀的地位仍然向那些有志的求职者闪烁着诱人的光环。

詹姆斯和许多人的命运一样，在该公司每年一次的用人测试会上被拒绝申请，其实这时的用人测试会已经是徒有虚名了。詹姆斯并没有死心,他发誓一定要进入维斯卡亚重型机械制造公司。于是他采取了一个特殊的策略——假装自己一无所长。

他先找到公司人事部,提出为该公司无偿劳动并且做什么工作都行,公司起初觉得这简直不可思议,但考虑到不用任何花费,也用不着操心,于是便分派他去打扫车间里的废铁屑。一年来,詹姆斯勤勤恳恳地重复着这种简单劳累的工作。为了糊口,下班后他还要去酒吧打工。这样,虽然得到老板及工人们的好感,但是仍然没有一个人提到录用他的问题。

1990年初,公司的许多订单纷纷被退回,理由均是产品质量有问题,为此公司将蒙受巨大的损失。公司董事会为了挽救颓势,紧急召开会议商议解决,当会议进行到一大半却尚未见眉目时,詹姆斯闯入会议室,提出要直接见总经理。在会上,詹姆斯把对这一问题出现的原因作了令人信服的解释,并且就工程技术上的问题提出了自己的看法,随后拿出了自己对产品的改造设计图。

这个设计非常先进,恰到好处地保留了原来机械的优点,同时克服了已出现的弊病。总经理及董事会的董事见到这个编外清洁工如此精明在行,便询问他的背景以及现状。詹姆斯面对公司的最高决策者们,将自己的意图和盘托出,经董事会举手表决,詹姆斯当即被聘为公司负责生产技术问题的副总经理。

原来,詹姆斯在做清扫工时,利用清扫工到处走动的特点,细心察看了整个公司各部门的生产情况,并一一作了详细记录,发现了所存在的技术性问题并想出解决的办法。为此,他花了近一年的时间搞设计,做了大量的统计数据,为最后大显身手奠定了基础。

在刚刚步入社会的时候,不妨选择一个低点的目标,放下架子,甘心从基础干起,练好真功夫,从而一步一步接近成功之巅。

放低自己，轻装上阵

涉入职场，你一定会渴望能尽快展示自己的才能，可是，当机会一旦降临，你却一下子变得手足无措，发挥失常。这时，你也许会羞愧得无地自容，认为全公司的人都在看着你，并会永远嘲笑你。其实，只需稍稍调整一个角度，你就会发现，根本没有多少人注意你的"表演"。对他们来说，你的"表演"只是其职场生涯的一个小插曲，有时，甚至连个小插曲都算不上。

一位年轻作家初到纽约，马克·吐温请他吃饭，陪客有 30 多人，都是本地的大官显贵。临入席的时候，那位作家越想越怕，浑身都发起抖来。

"你哪里不舒服吗？"马克·吐温问。

"我怕得要死，"那位年轻作家说，"我知道，他们一定会请我发言，可是我实在不知道该说什么，一想起可能要在他们面前丢丑，我就心神不宁。"

"呵呵，你不用害怕，我只想告诉你——他们可能要请你讲话，但任何人都不指望你有什么惊人的言论。"

马克·吐温的话对很多年轻人来说都是适用的。当你感到有人在"注视"自己的时候，一定要明白，你周围的人都有自己的事要做，他们没有那么多时间和精力注意你，他们还是把你当成一个普通人来看待，并不指望你能干出多么惊天动地的大事。你只要和别人一样，按部就班地工作，就算圆满完成任务了。

123

有人也许会说，好不容易有了机会，为什么不借此一鸣惊人呢？其实，在这个越来越理智的时代，一个人的优点要通过很长的一段时间才能展示出来。一亮相就获得满堂喝彩的日子已经过去了。相反，过分的标新立异反而容易引起人们的反感。你唯一要做的，就是让人们看到你确实为此做了充分的准备，你有一个很好的态度，这就足够了。

　　在匆匆走过的人生路上，我们只是别人眼中的一道风景，对于第一次成功，第一次失败，完全可以一笑了之，不要过多地纠缠于失落的情绪中，你的哭泣只能提醒人们重新注意到你曾经的无能。你笑了，别人也就忘记了。

　　有句话说："20岁时，我们顾虑别人对我们的想法，40岁时，我们不理会别人对我们的想法。60岁时，我们发现别人根本就没有想到我们。"这并不是消极，这是一种人生哲学——学会放低自己，才能做到轻装上阵；没有任何负担地踏上漫漫征途，你的人生路途才能更坦直。

　　因此，当你面对职场上的失败时，你完全没必要过多地纠缠。事实上，根本没有人注意你。

　　参加工作后，张涛非常兴奋。他凭借着高超的交际能力和良好的口才，很快和同事打成一片。后来，张涛这两方面的长处传到上司的耳朵里，于是，在一次置席接待一客户时，上司破天荒地让张涛一同参加。但是，由于精神紧张，他没有发挥出应有的水平，弄得上司非常尴尬。这件事过去很长时间了，张涛还在因此而郁郁寡欢。他一遍遍地跑到上司那里去解释说："我那天太紧张，否则一定能取得客户的信任。"上司安慰他说："没关系，我相信你的能力。"可是他见上司就提这件事，把上司弄得不厌其烦。对同事，张涛也是不住地解释，同事更是嫌他唠叨，渐渐疏远了他。

　　也许，这是一个比较极端的例子。但是它可以给我们一个启示：我们是否太在意自己的感觉？比如，你在路上不小心摔了一跤，惹得路人哈哈大笑。你当时一定很尴尬，认为全天下的人都在看着你。但是你如果站在别人的角度考虑一下，就会发现，其实，这件事只是他们生活中的一个插曲，甚至于，有时连插曲都算不上，他们哈哈一笑，然后就把这件事忘记了。

这也难怪，每个人都有自己的事情要做，人们没有那么多时间把注意力完全集中到你身上。你只不过是他们当中平凡的一员，他们并不期望你能干出什么惊天动地的大事，即使是上司也是如此。而且职场之上，往事如烟，你的"表演"即使再拙劣，别人最多不过是哈哈一笑，也就烟消云散了。

如果你不住地抱怨、哭泣，不仅无益于事，反而会提醒别人：你曾经是多么的无能。因此，面对职场的每一次参与、失败，你完全没必要过多地纠缠。事实上，根本没有人注意你。这并非消极的想法，而是每个职场人士必须懂得的一个成功哲理——放低自己，轻装上阵。

想要出人头地，就要能够"包羞忍辱"

能成大事者，即便身处最底层，也始终目标明确、信心坚定、思维活跃，所以能够不断发现新机会，很快跑到别人前面。职场中的你，无论职位如何，都不能甘于平庸。

1994年唐骏成为微软Windows NT开发组的一名小程序员，在进入微软之前，自己创办了双鹰、好莱坞娱乐影业等公司。为什么他要舍弃自己的公司而去微软当一名小程序员呢？

唐骏说："我到微软是学习的。"

"我可以看微软的书，但永远看不到其精华，我要进去学，这也是一个很大的赌注，我要放弃所有的一切进微软，一切从头来。我当时有三家公司，如果我和盖茨说给我副经理的职位，这肯定不可能。因此我要能上能下，我应聘工程师是行的，所以我进微软是通过做软件工程师进去的。""如果我一开始就说要应聘总裁的职位，那么比尔·盖茨肯定认为我脑子坏掉了。"

"想了解微软之所以成为微软的秘密，除了投身于其中，别无他法。否则，即使住在比尔·盖茨隔壁也不行。"你可以看到，为了了解微软何以成为微软，为了投身其中，唐骏甘心从一名小职员做起，因为他有自己的目标和规划。

正是利用微软这个强大的平台，唐骏不断地学习、锻炼，最终走向一个成功的职业经理人，成为"打工皇帝"。因为只有站在巨人的肩膀上才能看得更远。所以如果进入这家公司可以得到你想要的，那么做个小职员又有何妨？压一压自己的傲气又何妨？正所谓"包羞忍辱是男儿"嘛！

1957年，李嘉诚看到一小段消息，说意大利一家公司利用塑胶原料制造塑胶花，全面倾销欧美市场。他马上意识到其中的商机，兴冲冲地飞往意大利。可是，到了工厂门口的时候他停下了脚步。他深知厂家对新产品技术的保守与戒备，也知道应该名正言顺地购买技术专利。情急之中，李嘉诚想到一个绝妙的办法，混进去做一名员工。

李嘉诚在工作中特别留心生产流程。同时邀请数位新结识的同事到城里的中国餐馆吃饭，佯称打算到其他厂应聘技术工人，请教有关技术。通过眼观耳听，他大致悟出塑胶花制作配色的技术要领。

两个月后，李嘉诚偷师成功、满载而归，带回一大箱的样品花、资料。他刚一到厂，就招来技术员、生产主管，商量生产最新的塑胶花。几乎几周之后，香港的大街小巷几千间花店里都摆满了长江出品的塑胶花。香港掀起了塑胶花热潮,李嘉诚也由此被称做"塑胶花大王"。

每一个即将踏入职场或者已经身在职场的人都要明白,本科毕业或是博士毕业,并不代表你就是高端人才,只能说明你受过高等教育。在选择工作时,不要过高估计自己,要能潜下心来跟比自己高明的人学习。

每一个行业中顶尖的人才都是经过市场锤炼的。如果你还年轻,那么对你来说,重要的是要敢想、敢冒险,善于学习、善于从实践中获得经验。年轻人最大的资本就是可以毫无顾虑地做很多事情,这是一种积淀,所以说,趁年轻时多学习点东西,多尝试些有用的工作,绝对不是坏事。

江海放低自己,才容纳百川

海纳百川,有容乃大。江海之所以伟大,是因为身处低下,方能成为百川之王。要想拥有百川的事业和辉煌,首先要拥有容得下百川的心胸和气量。

一个失望的年轻人,千里迢迢来到法门寺,对法明说:"我一心一意要学丹青,但至今仍没能找到一个能令我满意的老师。"

法明笑笑,问:"你走南闯北十几年,真没能找到一个自己的老师吗?"年轻人深深叹了口气说:"许多人都是徒有虚名啊,我见过他们的画,有的画技甚至不如我呢!"法明听了,淡淡一笑说:"我虽然不懂丹青,但也颇爱收集一些名家精品。既然施主的画技不比那些名家逊色,就烦请施主为老僧留下一幅墨宝吧。"说着,便吩咐一个小和尚拿了笔墨砚和一沓宣纸。

法明说:"我的最大嗜好,就是爱品茗饮茶,尤其喜爱那些造型流畅的古朴茶具。施主可否为我画一个茶杯和一个茶壶?"

年轻人听了,说:"这还不容易?"于是调了浓墨,铺开宣纸,寥寥数笔,就画出一个倾斜的水壶和一个造型典雅的茶杯。那水壶的壶嘴正徐徐吐出一脉茶水来,注入茶杯中去。年轻人问法明:"这幅画您满意吗?"

法明微微一笑,摇了摇头。他说道:"你画得确实不错,只是把茶壶和茶杯放错位置了。应该是茶杯在上,茶壶在下呀。"

年轻人听了,笑道:"大师为何如此糊涂?哪有茶壶往茶杯里注水,而茶杯在上茶壶在下的?"

法明听了又微微一笑说:"原来你懂得这个道理啊!你渴望自己的杯子里能注入那些丹青高手的香茗,但你总把自己的杯子放得比那些茶壶还要高,香茗怎么能注入你的杯子里呢?正如江海涧谷把自己放低,才能吸纳融汇百川,成汹涌之势啊。"

年轻人听罢,顿时有所领悟。

如果把我们的人生比作爬山,有的人在山脚刚刚起步,有的正向山腰跋涉,有的已信步顶峰,但此时,不管你处在什么位置,请你记住:在浩瀚的社会里,你只是一个小分子,无论处境如何,都要在人生舞台上保持低调,在生活中保持低姿态,把自己看低些,把别人看重些,把奋斗的目标看高些。即使"会当凌绝顶",也要记住低头。因为,在你所经历的漫长人生旅途中,总难免有碰头的时候。

是的,不妨放低自己,脚踏实地,站稳脚跟,然后再一步步登攀。正如一位哲人所言,想要达到最高处,必须从最低处做起。学会让自己的心态站得比别人高,把自己的姿态摆得比别人低,就是所谓的高目标处世,低调做人。为自己设定高远的目标,严格要求自己,从小处着手,从低处起步,一点一滴地做起来,不要光想往高处飞,一辈子困在自负的网里。

勇于从低处做起

　　如果去问今天的大学生，工作好不好找，相当一部分会说不好找；如果去问今天的企业经理们，人才是不是很易得，同样也会有相当一部分说找个合适的人才并不易。其中的原因，绝不是"专业不对口"所能解释的。

　　我们以前过于强调干一行爱一行，强调奉献，像一颗螺丝钉拧在祖国最需要的地方，结果是压抑了不少人个性、才能的发挥和人生价值与权利的实现。也许是压抑得太久，反弹得太厉害，如今的人们又走向另一个极端：过于强调自身的价值，过分索取，却忽视了责任和义务。一些大学生初出茅庐，实际经验和业绩没多少，要价却很高。

　　虽然这方面的例子不具有太大的普遍性，但眼高手低却是相当多毕业生共同的现状。毕竟是第一次走上社会，有一种初生牛犊不怕虎的气势，以为自己本领在手，天下尽在掌握中。不过真正做起事来，若是心浮气躁的人，就难免不知轻重深浅，小事不愿做，大事做不了。如果谦虚好学，过几个月一两年也就好了。但很多人往往就是眼界太高，拿不起又放不下，悬在空中。

　　眼尖的你一定看出来了，其实这里的所谓"工作经验"，根本不是什么真正的"工作经验"，而更多的是一种态度，一种被社会现实打磨出来的直面现实的心态。

　　在这个硕士、博士满街走的时代里，我们这个社会最缺乏、最需要的是另外一种"眼高手低"的人才，即眼界要高，心怀大志向，却脚踏实地，从低处做起。古人言"一屋不扫，何以扫天下"，又说"于细微处见精神"，现代人说"态度决定一切"，一个小事都不愿低下身来做、一个平凡位置都不愿意屈就的人，他能成就多大的事业呢？许多日后成名的富豪、政要也都是从平凡的岗位，底层的工作一步步走上来的啊！

有位留美计算机博士，揣着一摞证件到某电脑公司求职，但由于种种原因他没被录取。三思之后，他决定以一名普通打工者的身份应聘，结果很快被一家公司录用。

他从一名电话程序员做起，由于成绩突出被老板提升为部门经理。这时，他亮出了学士证书。经过一段时间的研制，他又有一些新的突破，老板便指定他为系统软件开发的负责人，并进入公司的决策层。这时，他又亮出了硕士证书。后来，老板根据他的潜力，提拔他为公司副总经理并拿出部分股权让他技术参股，他成为这里的老板之一。这时，他才亮出博士证书。从工人到老板，他只用了两年多时间，人们在称赞老板有眼力的同时，更欣赏博士不怕被人"看低"，勇于从"低"做起的开拓精神。

勇于从低处做起，是一种心态，是"万丈高楼平地起"的基石，是一种扎扎实实、勤勤恳恳的工作作风以及不管干什么都要干第一的精神风貌。博士生先当工人后当老板的启示是：从低处做起才便于走高，蹲下去才有向上跳的冲劲。积极地蹲下去，主动地蹲下去，真正地蹲下去，你的人生将是跳跃的、跨越的发展。

该属于你的，想跑也跑不掉；不属于你的，想要也要不来，想要有所成就，不妨从零做起。须知，事情是人点点滴滴"干"出来的，不是文凭大尺一量就"量"出来的。

低处调节自己，提前适应恶劣环境

在世界登山运动史上，被称为"登山皇帝"的梅斯纳尔创造了前无古人的壮举。他登临了 14 座 8000 米以上的高峰。更值得一提的是，他是唯一一个真正单人，不携带氧气设备，在季风后期攀登珠穆朗玛峰的人。

外人看来，梅斯纳尔每一次攀登，都是危机四伏的"死亡之旅"。在海拔 8000 米的高度上，人类的生理机能将会发生紊乱，继续向上攀登，大多数普通的登山者会因为空气稀薄而死亡。令人不可思议的是，梅斯纳尔不借助任何设备，就能够把那些神秘莫测、险象环生的世界高峰踩在脚下。

在梅斯纳尔之前，那些登临高峰的人们，无一例外携带一套又一套繁重的登山绳索和氧气瓶之类，并逐步建立高山营地，借助众多身强力壮的当地向导。但是在梅斯纳尔的登山生涯中，他依靠的仅仅是自己。由此，人们又不无疑问，梅斯纳尔何以能够依靠的仅仅是自己？

梅斯纳尔和他登山的方式令登山爱好者们着迷。是不是梅斯纳尔独赋异禀？瑞士医生奥斯瓦尔多·奥尔兹通过测试认为："与一般登山者相比较，梅斯纳尔的生理机能并没有任何超常之处。"

无数人从不同的角度探寻着梅斯纳尔成功的秘诀。最终还是梅斯纳尔自己揭开了谜底。梅斯纳尔的秘密就是：从低处开始。一般的登山运动者在目标选定之后，为了保存体力，都会选择乘直升机抵达山前的最后一个小镇，成与败的关键恰恰在此。直接乘直升机抵达大本营对于身体的调节是不利的，这种看似直达目的地的方式，忽略了身体机能与环境磨合的契机。与此相反，梅斯纳尔坚持徒步到大本营，从低处就开始调节身体，调节呼吸的节奏来应对空气密度的改变。选择低处作为出发点，正是梅斯纳尔独特的经验和智慧。

从低处开始，是登高必不可少的环节。注重抑或忽略，将成为成功路上的推手或瓶颈。从低处开始，可以让你提前调节好自己，使自己更能适应成功前的恶劣环境，从而在攀登的道路上游刃有余。

正是基于这样的考虑，欧美的大部分家族企业接班人都是从基层做起，从而全面了解企业，为其以后执掌企业打下良好基础。

米其林的总裁爱德华就是从法国里尔高等工艺制造学校毕业后，加入法国海军。退伍后隐姓埋名进入家族工厂实习。不久，他方以学徒工的身份到米其林研究中心工作，并在北美总裁的带领下，从货车轮胎部主任开始做起，直到1999年才就任集团总裁。

当然从基层起步，还必须在选定目的后咬住不放，全力以赴。这样才不会半途而废。

拥有自强、执著精神的人才能做到低点起步

"天行健，君子以自强不息；地势坤，君子以厚德载物。"这是《周易》中的名言。自强是什么？是奋发向上，锐意进取，是对美好未来的无限憧憬和不懈追求。虽然现在身处低点，但自强者始终不忘自己的高点定位，依靠自己的顽强拼搏攀上人生巅峰。

身处"低点"位置的人常常自暴自弃，但是常言道："庭院里练不

出千里马，花盆里长不出万年松"。清代书画家、文学家郑板桥，52岁时才得一子，万分宠爱，但从不溺爱，经常以各种方法培养其自立能力。他病危时，寄养在乡下老弟家中的儿子特地来看他。他要儿子亲手做几个馒头给他吃。但儿子从来没有做过，只好去请教厨师。当儿子将亲手做的馒头端到父亲床前时，父亲已咽了气。儿子悲痛地放声大哭，突然发现茶几上压着一张纸条，原来是父亲临终前写的一首遗诗，大意是：

淌自己的汗，吃自己的饭，

自己的事业自己干；

靠天、靠人、靠祖宗，

不算是好汉！

自强自立之气性的缺失是当今社会很多汲汲于功利者的普遍状态，自强的心态，也就成了一个浪漫的理想化的状态。人们宁争一时利，而不赌一口气。大街上车水马龙，人们行色匆匆，急于求成的人比较多，心态普遍比较浮躁，不少人过得比较现实。

据前不久广东省妇联的调查报告显示，不少女性认同一种说法，那就是"干得好不如嫁得好"。无论怎样这都源于一种心态，那就是急于求成，害怕吃苦，期望不劳而获，这种心态、观点在现代社会，不仅仅在女性中存在，越来越多的年轻人也认为是理所应当的。

安逸的生活谁都向往，但困难却是人生不可避免的内容。俗话说，有苦才有乐。经过自己的努力得来的一切，虽然其中可能饱经风霜，但是在奋斗的过程中，所获得的对人生的感悟，以及奋斗后自己的哪怕一点点的收获，都会让我们得到极大的成就感。

有人说人生实际上活的就是一份感觉，这句话不无道理。这种成就感，这种自强奋斗的快乐，绝不是父母、爱人、朋友的馈赠所能感悟到的，也不是靠轻而易举地交换自己的青春美貌就能获得的，没有经过奋斗就享受，靠别人的创造来装扮自己，其实是在自欺欺人，假如为了洋房、汽车而不择手段，那这样的人只能用一个词来概括，那就是悲哀。靠自己的双手和能力活着，才活得踏实，虽然这其中会遇到各种各样的困难。正因为有种种困难，我们才会去克服，在克服困难的过程中取得进步；正因为面临种种问题，我们才会去解决，在解决问题的过程中不断创新，人惟有从这种由忧而喜、不断自强的生活中，才能真正品味到生命的意义和充满活力的人生。

　　无数自强者的事例都告诉我们，一个人的成功主要不在其有多高的天赋，也不在其有多好的环境，而在于是否具有坚定的意志、坚强的决心和明确的目标。也就是有没有自搏人生的那么一口勇气。理想是自强的力量之源，人的活动如果没有理想的指引和鼓舞，就会变得空虚、软弱、混乱和渺小。只有坚强刚毅，百折不挠，一步一个脚印地向着更高的理想迈进，才会有所收获，有所成就。

第七章　细微之处见精神，小事大有可为

> 天下难事，必做于易；天下大事，必做于细。集小善则为大善，集小恶则成大恶。不注意小事，就难免因小失大，就难免千里之堤毁于蚁穴。凡事无大小，如果小事做不好，很有可能耽误了大事。一些根本就不起眼的小节，也有可能成为你成就大事的绊脚石。一心渴望成功、追求成功，成功可能反而了无踪影；低点起步，耐住平淡，认认真真地做好每个小节，成功却会不期而至。

莫以事小而不为

大事干不了，小事又不愿干，很多心高气傲的年轻人都是这样，到头来，小事错过了，大事也只能眼睁睁地成为他人的囊中之物。归根到底，是因为这些人不明白，小至个人，大到一个公司、企业，它们的成功发展，都是来源于平凡工作的积累。因此不要看轻任何一项工作，没有人可以是一步登天的。当我们认真对待并做每一件事时，我们会发现自己的人生之路越来越广，成功的机遇也会接踵而来，你的地位也会逐渐从低走向高。

人如果能一心一意地做事，世间就没有做不好的事。这里所讲的

事，有大事，也有小事，所谓大事与小事，只是相对而言。很多时侯，小事不一定就真的小，大事不一定就真的大，大事小事可能很有关联，小事积成大事。关键在做事者的认识能力。某些一心想做大事的人，常常对小事嗤之以鼻，不屑一顾，其实连小事都做不好的人，大事也是很难成功的。

　　先哲们常教我们"勿以善小而不为，勿以恶小而为之"。这是因为先哲们明白，"小事正可于细微处见精神。有做小事的精神，就能产生做大事的气魄。"不要小看做小事，不要讨厌做小事。只要有益于工作，有益于事业，人人都从小事做起，用小事堆砌起来的事业大厦就是坚固的，用小事堆砌起来的工作长城就是强硬的。

　　有位女大学生，毕业后到一家公司上班，只被安排做一些非常琐碎而单调的工作，比如早上打扫卫生，中午预订盒饭。一段时间后，女大学生便辞职不干了。她认为，凭她的学历，不应该蜷缩在厨房里，而该干更重要的事。可是一屋不扫，何以扫天下？一个普通的职员，即使有很好的见解，通常被重用前也要有一段让人认识你的时间。

　　一般人都不愿意做小事，但成功者与一般人最大的不同，就是他愿意做别人不乐意做的小事情。懂得成大事要从小事做起，要当经理就得从扫地开始做起的道理。只要我们每件事都多做一点，每一件别人不愿意做的小事，我们都自愿地去多做一点，我们的成功率一定会高于那些摆空架子的人。

　　美国标准石油公司曾经有一位小职员叫阿基勃特。他在出差住旅馆的时候，总是在自己签名的下方，写上"每桶4美元的标准石油"字样，在书信及收据上也不例外，签了名，就一定写上那几个字。他因此被同事叫做"每桶4美元"，而他的真名倒没有人叫了。

　　公司董事长洛克菲勒知道这件事后说："竟有如此努力宣扬公司声誉的职员，我要见见他。"于是，洛克菲勒邀请阿基勃特共进晚餐。后来，洛克菲勒卸任，阿基勃特成了第二任董事长。

也许，在我们大多数人的眼中，阿基勃特签名的时候署上"每桶4美元的标准石油"，这实在是小事一件，甚至有人会嘲笑他。可是这件小事，阿基勃特却做了，并坚持把这件小事做到了极致。那些嘲笑他的人中，肯定有不少人的才华、能力在他之上，可是最后，他却升任为了董事长。可见，任何人在取得成就之前，都需要花费很多的时间去努力，不断做好各种小事，才会达到既定的目标。

一个人的成功，有时纯属偶然，可是，谁又敢说，那不是一种必然呢？恰科是法国银行大王，每当他向年轻人谈论起自己的过去时，他的经历常会唤起闻者深深的思索。人们在羡慕他的机遇的同时，也感受到了一个银行家身上散发出来的特质。

还在读书期间，恰科就有志于在银行界谋职，但接二连三地碰壁。有一天，恰科来到一家银行，"不知天高地厚"地直接找到了董事长，希望董事长能雇用他。然而，他刚与董事长一见面，就被拒绝了。对恰科来说，这已是第52次遭到拒绝了。当恰科失魂落魄地走出银行时，看见银行大门前的地面上有一根图钉，他弯腰把图钉拾了起来，以免伤到路人。

回到家里，恰科仰卧在床上，望着天花板直发愣，心想命运为何对他如此不公平，连让他试一试的机会也没给，在沮丧和忧伤中，他睡着了。第二天，恰科又准备出门求职，邮递员送来一封信，拆开一看，正是银行的录用通知。恰科欣喜若狂，甚至有些怀疑这是否在做梦。

原来，昨天就在恰科蹲下身子去拾图钉时，被董事长在楼上看见。董事长认为如此精细谨慎的人，很适合当银行职员，所以，改变主意决定雇用他。正因为恰科是一个对一根针也不会粗心大意的人，因此他才得以在法国银行界平步青云，终于有了功成名就的一天。

于细微处可见不凡，于瞬间可见永恒，上面说的都是一些"举手之劳"的事情，但不一定人人都愿意"举手"，或者有人偶尔为之却不能持之以恒。

"九层之台起于垒土，千里之行始于足下。"做好小事是身处低处的人向上攀登的法宝，是毅然走向高点的坚强，是基层人员都必须具备的能力，我们应该把从小事做起养成一种习惯。不积硅步，无以致千里；不积小流，无以成江海。虽然不执著于小事是一种远大的抱负，但若因此看不起而不去做小事就是一种无知了。

做好小事才能有做大事的资本

高位者忙忙碌碌，忙的是大事，低位者，忙忙碌碌，忙的大多是小事，但做不好小事的人，大事更不能掌控全局，只有做好了小事，吸取经验，才能负得了大事的重压，这是每一个愿意从低点起步的人必须首先明白的道理。

很多时候，小事不一定就真的小，大事不一定就真的大，关键在于做事者的认知能力。那些一心想做大事的人，常常对小事嗤之以鼻，不屑一顾。其实连小事都做不好的人，大事是很难做成功的。一步一步走，才能走出一条长远的路来。

德国商人施密特本是一个退役军人，在医院疗养期间，他读了《思考和致富》一书，深受启发，他很想实践一下书中所说的话，通过自己的努力变成一个有钱人。

一天护士把他洗好的衣服帮忙取回来了，洗好的衣服都折叠在一块硬纸板上，以保持它的平整，避免起皱。施密特受到了启发，有了一个新奇的想法。他从洗衣店那里得知这种衬衣纸板每千张的价格是 4 马克。他想以每千张 1 马克的价格出售纸板，但要在每张纸板上登广告。登广告的费用由他负担。他的朋友都泼冷水，觉得这种小生意不划算，赚不着钱。但施密特却不这样看，他知道自己有更大的目标，但是什么样的目标都要从小事做起。

从疗养院出来后，他就把全部精力投入到行动中，把想像的事情变成了现实。

过了一段时间，施密特的客户越来越多，他自己也积累了一些经验，这时，他决定把生意做得再大一些。他发现衬衣上的纸板一旦被撤除后，就不会被洗衣的顾客所保留。怎样才能使顾客保留登有广告的纸板呢？他又想出了一个新办法：在衬衣纸板的一面仍然印广告，另一面印上有趣的儿童游戏或主妇菜谱、字谜、谚语、小常识等。这一招果然很奏效。许多家庭主妇不等衣服穿脏就又送到洗衣店去洗。洗衣店老板一看生意多了起来，也很高兴，十分愿意定购施密特的纸板，因此施密特的生意也跟着越做越大。

只有心存远大志向，才可能成为杰出人物。但要成功，光是心高气傲远远不够，还需要从低处做起，从小事做起。如果你一直不被人重视，不妨降低一下自己的目标，从最基层的事做起，终有一天你会拥抱成功。

世间万物无不是由小到大，由少到多演变而来，这样的道理人人皆晓。然而，如今仍有人轻视他身边的小事，仍不相信那些"没什么大不了"的小事对于造就一个成功者具有多么大的重要性。下面这个人的成功也是由做小事开始的。

许多日本人都知道广东人徐子安的"安记"粥店。徐子安本来是个船员，25 岁的时候离开了家乡广东，来到日本。刚到日本的时候，他也曾经雄心勃勃，想干一番大事业。他把目光盯在日本著名的大老板们身上，羡慕人家的机遇好，他祈祷自己也能找到几件大事来做。可是，等待、寻觅了一段时间后，他认识到要做大事并不是那么容易的，许多大事都是从小事开始的。于是，他决定从小事做起。

他发现日本横滨的唐人街上住着很多华侨，就在那里开了一家小小的粥店。卖粥能赚几个钱？人们都笑他目光短浅，胸无大志。可是，徐子安却干得很起劲。他熬粥很有自己的方法。他先用猪骨头、鸡骨头炖汤，再把汤过滤好备用。前一天晚上，他就把米洗好淘好，泡在水中，第二天天还没亮，大约4点多钟他就起来熬粥。为了把粥熬好，需要用文火，并且长时间守在炉火边，直到粥变成了泥糊状才行。华侨们都特别喜欢徐子安的粥，每天早上8点钟，徐子安的小粥店门前都排了长长的队伍。

苦心经营了3年后，徐子安积攒了一些资金，他把店面扩大了，还在三岛设立了分店。每一个成功者，在他们的身上可能存在着很多共性，不轻视小事，凡事从小事做起就是他们的共性之一，它是我们每一个人值得借鉴的宝贵经验。

眼前的小事或许正是将来大成就的幼苗和基石，眼前的窘境也许正是攀登高峰前对你的磨砺，眼前的黑暗也许正是光面前的最后一刻。做好眼前的小事，在基层低处时牢牢打好基础，你就是在为未来一飞冲天、飞黄腾达添加推动剂。

千里之行，始于足下

欧洲有一句谚语："最大的东西，最初往往是最小的。"那些能够从小事中看到未来的是智者，那些能够把小事最终变成大事的人更是智者。在地里播下种子，不久会生根发芽，最终长成参天大树。那些最初懂得播下种子的人是智者。

无论何时都要记住，不要轻视看似卑微细小的东西。伟人们常常对小事或平凡处非常重视，因为他们非常清楚，无论什么惊天动地的创举，都是由很小的事情开始的。一些看似无谓的选择其实是奠定我们一生重大抉择的基础。古人云："不积跬步，无以致千里；不积小流，无以成江海"，无论多么远大的理想，伟大的事业，都必须从小处做起，从低处、平凡处开始。所以对于看似琐碎的选择，也要慎重对待，考虑选择的结果是否有益于自己树立起的远大目标。

《道德经》有云："图难于其易，为大于其细。天下难事，必作于易；天下大事，必作于细。是以圣人终不为大，故能成其大。"这句话就是讲：做任何事情都要从小事着手，从最容易的地方开始。一些大事，都是从一些细节开始做的。圣人做事的高明之处就在于，他们不会一开始就去做大事，他们懂得成功要从低点开始的道理，并且按照这样的准则去做事。

其实这种做事方法在我们的生活中处处可见。每个人都有自己的学生时代，在学生时代就会有考试，每次考试的时候老师都会这样说：要把一些简单的题目做好，要从最容易的题目入手，如果一开始就去做很难的题目，既浪费时间和精力也不会有很好的效果。在生活中，我们做事情同样是一种考试，也应该按照这样的思路来行事，这样才能考出好成绩。

仔细观察周围的人就会发现，每逢节日人们都要给家人、亲友、老师或同学打电话问候，信任和感情都是从这样的小事中培养出来的。

"勿以善小而不为，勿以恶小而为之"，这是三国时期刘备对儿子的教诲，这句话恰当地说明了小事的重要性。如果你知道一些事情不好，但由于只是一些小事情，就觉得无所谓，这样日积月累，你就会慢慢地被侵蚀掉。有些事情，看起来很小，但是如果认认真真去做，你会发现它对于你的成功非常重要。在现实生活中，这样的例子屡见不鲜，可以看成是对这句话的最好注解。

勿以善小而不为的一个很有名的例子就是美国福特汽车公司的创始人福特。

福特在大学毕业以后，去应聘汽车公司中的职位，因为和他同时去应聘这家公司的三四个人的学历都比他高，他觉得自己没什么希望了。他当时只是抱着试试看的态度去的，一进董事长办公室，他发现地上有一张废纸，就弯腰捡起来丢进了废纸篓，然后才走到董事长的办公桌前，说："我是来应聘的福特。"董事长笑着对他说："很好，你已经被我们录用了。"福特感到很意外，问为什么自己能有这样的机会。董事长说："前面三位的学历比你高，但是他们只能看见大事，而看不见小事。而忽略小事，大事也一定看不周全，这种人是不会成功的。"福特就这样进了这家公司。

福特只是在不经意间做了一件别人都不愿意做的小事，却很轻松地为自己敲开了成功之门。为什么会有这样的结果？因为小中可以见大，从小事当中就能够看出一个人的人品。正像我国古代有一句名言说的一样："窥一斑而知全豹"、"见一叶落，而知天下秋"。那位老板正是从一件小事情上看到了福特的良好人品，而人品又是一个人最重要的素质。

做任何事情都要三思而后行，不能掉以轻心。真正智慧的人做任何事情时都会经过周密的观察与思考，因为世间的事情都不是单纯地存在，而是互相关联的，犹如锁链般一环紧扣一环。若在小事情上麻痹大意，往往会影响到许多大事情的实施，正所谓"一招不慎，满盘皆输"。

人们常常不屑去做一些小事情。总是觉得太小，没有意思，但是"汪洋大海，汇聚于小溪"的道理却是众所周知的，只是不少人并没有从中受到教益。因此我们要大声疾呼：小事不小，须三思而后行。老子曰，"合抱之木，生于毫末；九层之台，起于累土；千里之行，始于足下"，正是告诉我们，低点起步，慢慢积累，做好小事，成就非凡。

从细节处用心做别人做不到的事

现在的社会大量充斥着浮躁和急功近利之风，缺乏关注细节的务实精神是当代很多人的通病。其症状大多是：好高骛远，眼高手低；说得多，做得少；大事做不来，小事不想做。这些人整日幻想着一夜成名、一举成功的美梦，却从不踏踏实实地做好每一件事。

一个公司，老板只有一两位，底下的员工却又一堆，社会也是这样的金字塔结构，功成名就的人少，底层温饱度日的人多。作为一个从低点起步的人，想要在众多同行中鹤立鸡群，就要想别人没有想到的，做别人没有做到的。只有以小事为突破口，在细节处下足功夫，在别人忽略之处做足文章，你才能在与别人的竞争中脱颖而出。

有这样两位秘书：在帮领导购买到车票之后，一位秘书只是把一大把车票直接交上去，这样一来，车票杂乱无章，不但不容易查清时刻，而且容易丢失；另一位秘书却把车票装进一个大信封，并且在信封上详细地注明列车的车次、座位号和起程、到达的时刻。很显然，后一位秘书是一个有心人，她很注重细节，虽然只是在信封上写了几个字而已，却方便了领导，并大大节省了领导的时间。

正是因为后一位秘书能在在细节上下足功夫，那她能够得到老板的青睐也是理所当然的事。而下面这个小职员的提升，与那位秘书有着异曲同工之妙。

在日本大坂的一家公司里，一位小姐专门负责客商的接待工作。其中，一家德国公司与她所在的公司有重大的业务往来，因此，德国公司的经理必须经常往返于大阪和东京之间，而订票的工作也就顺理成章地由那位小姐来承担。但令那位德国经理感到奇怪的是，每次他坐车去大阪时，他的座位总是靠近右侧的车窗；而当他返回东京时，座位却总是靠近左边的车窗。并且次次如此，从来没有一次例外。

有一次，他终于忍不住地问了这位小姐。小姐微笑着对他说："我想来到日本的外国客人肯定都喜欢看到富士山那雄伟的身姿，所以我就给您做了这样的安排。这样，您就可以在每次坐车时都能看到富士山了。"

听到她的回答，德国经理倍受感动。他认为，这家公司的员工的工作如此细致入微，就连这样的小事都能够想到，那么，跟他们合作自然是毫无差错的了。于是，他很快给这家公司增加了二百五十万欧元的贸易额。

人生无小事，每做一件事情实际上就是对自身素养、品行、学识进行一次修炼，千万不要因为小或者低微就鄙视它，放弃将使你失去了一次修炼的机会，也减少了一次提高的可能。

美国国务卿鲍威尔在他任参谋长联席会议主席时写了传记。他是一个牙买加黑人，开始时的第一份工作是进一个大公司当清洁工，因为在这种大公司里牙买加黑人只有一个工作可以做，那就是清洁工。他做每一件事都很认真、很快，他找到一种拖地板的姿势，能把地板拖得又快又好，人还不容易累。老板观察一段时间后就断定这个人是个人才，然后很快就破例地对他进行了提升。这就是鲍威尔人生的第一个经验：认真做好每一件事。

年轻人容易好高骛远，不屑于做日常工作中的琐事。其实领导考察你，正是从小事开始，所以无论领导交给你的事多么零散，或者根本不是你分内的事，你都要及时地、充满热情地处理好，即使领导不再追问，也不可不了了之，一定要给一个下文。这样才能让领导满意，逐渐得到领导的信任和肯定，才会有"做大事"的希望，才能承担住高处的繁忙与压力。

岗位微不足道也不能轻视

常听到一些年轻人感叹就业难，其实就业并不难，只要他们不轻视平凡的工作，愿意在一些微不足道的岗位上辛勤努力，他们也同样会拥有美好的明天。

现在的年轻人刚迈出校门踏入社会时，总对自己的期望很高，不愿意低下头来干平凡的工作，不屑于处理许多细碎问题，总想一步登天。在他们眼里自己是天之骄子。殊不知，自己看到的只是象牙塔的那一圈。没有想到山外有山，天外有天。所以他们常常认为自己一出校门就必定要成就一番大事业，找工作时总是挑最好的公司，遇到工作任务时也"挑大弃小"。认为大事情可以显现自己的能力，小事情却是浪费自己的时间。不过常常听到很多公司的高级主管说，那些从大学毕业的年轻人，往往是小事情不做，大事情又做不好。想想也的确是这样，生活中的天才毕竟是少数，大多数人都需要时间和经验的磨炼，没有哪一个人在没有学会走之前就开始跑的，不会处理小事情就不会处理大事情。

乔恩大学毕业后如愿以偿地进入了全美最大的现金出纳机公司。但是看看他的工作吧，他被录取为该公司电话远端支持人员。简而言之，就是别人在买了现金出纳机后，遇到什么使用上的困难时就打这个电话以求帮助。这是这个公司中小得不能再小的工作了。

　　作为一个大学毕业生，很难确保乔恩会坚持这份工作。不过，几个月过去了，他愉快地告诉周围的人，现在他干得很起劲。

　　其实很简单，就是乔恩认真地完成了老板交给他的第一个阶段的初级工作，之后老板当然就交给他另一个更加重要的任务了。作为电话排障员，的确没有更多的机会现场接触仪器，但是要做一个优秀的排障员却必须对仪器有相当深入的了解，所以对于排障员的要求其实相当高。但是，其他很多排障员，因为一天八小时全坐在电话椅上等待电话，所以对于仪器的处理他们仅仅停留在学校所学的知识和公司发放的故障解除手册上的答案。当然，这也不能埋怨他们，一天的时间全耗在等电话上，哪有更多的时间来寻求别的答案呢？但是，这样一来，常常有很多问题并不能实际有效地解决，实践和理论差距往往是很大的。

　　很多人都发现了这个问题，但是却没有人想去改变它。是啊，薪水不多，职位不高，认真按照公司发放的手册工作就完全足够了。

　　乔恩也发现了这个问题，他看到很多用户遇到的困难在排障手册上并没有现成的答案，那么，到底怎样才能帮助这些用户解决这些疑问呢？从此，每天下班后，乔恩就留下来细细地研读从其他技术生产部门借来的技术书籍，每一个细节中可能会出现什么样的问题，他都要弄得清清楚楚。慢慢地几个月下来，乔恩对现金出纳机有了相当详细的了解。随着自己的进步，他又不断地要求自己，不断地学习新的东西。渐渐地，越来越多的用户愿意把电话打给他。因为他们的困难在乔恩这里总是能得到实际有效的解决。

　　很快，乔恩在用户中居然有了很大的名气。大家一传十、十传百，纷纷要求总机把电话转到乔恩的分机上。乔恩的分机每天都快打爆了，而很多排障员却一天也接不到几个电话。公司总经理发现了这件事，一天他装作一个客户打电话寻求乔恩的帮助。总经理所提的问题自然是难上加难，但是，毫不例外，在乔恩这里他得到了自己满意的答案，同时他发现，乔恩的服务态度非常好。令他惊讶的是，一个小小的电话排障员，居然懂得这么多技术上的知识，简直比那些做了多年的技术人员了解得还多、还全面。

年底，技术部经理离开了公司，这个大家垂涎已久的工作，老板到底会交给哪个人呢？总经理找到乔恩，询问他是否愿意调换到技术开发部工作，乔恩答应了。很快，他就在自己的电话桌上发现了调换工作部门的通知书。

其实，对于自己的工作你永远有一个最明智的决策——那就是好好干。在同一个工作岗位上，有的人勤勤恳恳，付出的多，自然收获也多。有的人整天一门心思地想调换工作，想被老板委以重任，却做不好自己眼前的事情。所以，将来的被重用自然也轮不到这样的人。

大部分人总是看不到自己将来的晋升是建立在目前忠实地履行日常琐碎工作的基础上。只有踏踏实实地做好自己的本职工作，才有可能给自己创造新的机会。所以，对于自己目前的工作，虽然职位不高、分量不重，但是它却是别人发现你的能力的有效途径，如果你因为轻视这样的工作而没有做好它，别人会说什么？他们一定会异口同声地说，这个人连这么简单的工作都做不好，那他还能做什么呢？因而，其他可能的机会自然不会轮到你。相反，只要你把自己的工作做得比别人出色、完美、迅速、准确，也比别人更热爱你的工作，那么是没有任何人能阻碍你的前进的。往往就是在这些极其平凡的细节中，蕴藏着巨大的机会。成功者与失败者的差别就在于前者无论做什么总是力求尽自己的最大努力，决不放过任何一个细节。而后者却把时间花在埋怨上，等别人都前进一大截了，他还没有醒悟过来。

同时我们不应该以世俗的眼光来判断自己的工作。获得机会，这是每一份工作的目的所在。所以，我们不应该看轻任何一份工作。即便是最普通的事情，也应该全力以赴、尽职尽责。小事情顺利完成，有助于对大事情的把握。一步一个脚印地前进，才是通过工作获取能量的秘诀所在。

可是有人会问："如果一个人总是纠缠于一些小事，而忽略其他的重要事情，那么他怎么能够全身心地去追求自己整个生涯中的宏伟计划呢？"其实这种想法是错误的。生活中的大事是依靠那些小事而存在的。这也就是为什么那些最小的事情，那些平淡无奇的事情，那些被一些人不屑一做的事情，有必要像对待重要的事情一样以同等效率来处理。

无论你是即将走上工作岗位的毕业生，还是已经走上工作岗位，但对自己工作不满意的朋友们，请你记住，当你选择一份职业的时候，或者已经选择了一份职业的时候，每一个细节都必须成为你关注的焦点，因为每一个细节都是你从低处攀上高处的垫脚石。每一个细节的成败都是别人衡量你能力的标准。把每一件小事做好，学到更多的东西，别人才会放心地让你办大事。

工作之中无小事

现代社会中，有许许多多的人抱怨老天的不公，太多太多的人抱怨自己工作的卑微与低人一等，叹息自己干这个工作仅是迫于生活的压力不得已而为之的事情。一个看轻自己所从事的工作的人，自然无法投入全部身心，在工作中敷衍塞责、得过且过，而将大部分心思用在如何摆脱现在的工作环境上了。可现实证明，这样的人在任何地方都不会有成就。

约翰是一家机械厂的修理工，从进厂的第一天起，他就开始喋喋不休地抱怨什么"凭我的本事，做修理这活太丢人了"，什么"修理这活太脏了，瞧瞧我身上弄得"，"真累呀，我简直要讨厌死这份工作了"，等等。

约翰认为自己是在受煎熬，是在像奴隶一样做苦力，所以每天都是在抱怨和不满的心情中度过。因此，约翰每时每刻都窥视着上司的举动，只要一有机会，他便偷懒耍滑，应付手中的工作。

五年过去了，与约翰一同进厂的4个工友，各自凭着自己的手艺，或另谋高就，或被公司送进大学进修了，只有约翰仍旧在抱怨声中，做他蔑视的修理工。

我们要想成功，就不要像约翰那样，认为自己的工作是卑贱的，看轻自己的工作，无论从事什么样的工作，一定要做到事无巨细，行必善终。

其实，即使在极其平凡的职业中，在极其"低微"的岗位上，也往往会蕴藏着巨大的机会。只要把自己的工作做得比别人更完美、更迅速、更专注，调动自己全部的智力，从"旧事"中找出新方法来，就能引起别人的注意，自己也会有发挥本领的机会，能够实现心中的目标。

工作本身并没有贵贱之分，但是对工作的态度却有高低之别。在每个老板眼中，评价一个员工的优劣，看一个员工能否做好工作，只要看他对待工作的态度就足够了。一个人所做的工作，是他工作态度的表现。所以，了解了一个人的工作态度，在某种程度上就了解了一个人。

几乎所有的老板都认为，一个轻视自己工作的员工，他也不可能看重自己；一个不认真对待工作，视自己工作为低下卑贱及粗劣代名词的员工，他的工作肯定也不会做好。与此相对应，如果你轻视自己的工作，那么，老板也必然会因此而轻视你的品质，以及你的低劣的工作业绩。

因此，作为员工，当老板交付一项你认为极平凡、极低微的工作时，你可以试着从工作本身去理解它、认识它、看待它。一旦你从它的平凡表象中，洞悉了其中不平凡的本质后，你就会从平庸卑微的境况中解脱出来，不再有劳碌辛苦的感觉，厌恶、无可奈何的感觉也自然烟消云散。当你圆满完成这些"平凡低微"的工作后，你会发现成功之芽正在萌发。

每一件事都值得我们去做，而且应该把它做好。不要小看自己所做的每一件事，即便是最普通的事，也应该全力以赴、尽职尽责地去完成。小的任务顺利完成，有利于你对大任务的成功把握。一步一个脚印地向上攀登，便不会轻易跌落。通过工作获得真正的力量的秘诀就蕴藏在其中。

所有的成功者与我们一样，都做着简单的小事，他们唯一区别于我们的就是：他们从不认为他们所做的事是简单的小事，他们只是尽一切可能把它做好。

希尔顿饭店的创始人康·尼·希尔顿这样要求他的员工："大家牢记，万万不可把我们心里的愁云摆在脸上！无论饭店本身遭到何等的困难，希尔顿服务员脸上永远是顾客的阳光。"正是这小小的微笑，让希尔顿饭店的身影遍布世界各地。

每个人所做的工作，都是由一件件小事构成的。你每天所做的可能就是接听电话、整理报表、绘制图纸之类的小事。但你是否对此感到厌倦、毫无意义而精神不振呢？你是否因此而敷衍应付，心里有了懈怠？请记住：工作本无大小事之分，你应该把每件事做好。这就是所谓的"事无巨细，行必善终"。

有一些人因为"事小而不为之"，对小事抱有一种轻视的态度。

有这么一个故事，在开学的第一天，一位老师对他的学生们说："从开学这一天起，我们不设值日轮流表，因为只要在座的每一位同学都能把自己的座位周围清扫干净，整个教室也就干净了。"

"这么简单的事，谁做不到？"这是许多人的心态。学生们表示能够做到这一点，可是一年以后，大家发现，全班只有一个学生坚持这样做了。

成功不是偶然的，有些看起来很偶然的成功，实际上我们看到的只是表象。正是对一些小事情的处理方式，已经昭示了成功的必然。无论是"小小的微笑"还是"坚持清扫座位周围的划分区域"，都要求人们必须具备一种锲而不舍的精神，一种坚持到底的信念，一种脚踏实地的务实态度，一种主动承担的责任心。一个人如果连小事都做不好，还谈什么成就大业呢？如果你能做到事无巨细，行必善终，那么成功离你也就不远了。

马虎轻率误大事

生活中，很多人都有马虎轻率的小习惯、小毛病，他们的口头禅是"马马虎虎过得去就行了！"他们不知道马虎轻率是成功的致命杀手，它不但会妨碍你取得成功，甚至还会毁掉你已取得的成就。

一件小事，你要干漂亮了，它就能成就你的人生。然而，你要不把它当回事儿，它也能给你带来刻骨铭心的教训。

一家很大的汽车生产企业即将和投资方签订合同，他们已经准备好了所有的工作，万事俱备，只需投资商到企业进行最后的实地考察了。

投资商要实地考察的那天，企业代表到宾馆去接投资商。大家上车后，企业代表"嘣"的一下关上了车门，投资商这时微微地皱了一下眉。到了那家企业之后，企业代表在迎接投资商下车后，又是"嘣"的一声关上了车门，投资商这次又是稍微愣了一下，但是什么也没说。参观完毕后，企业代表送投资商回到宾馆，关车门的时候又是"嘣"的一声。

几天之后，这家汽车生产企业收到了投资商取消合作的通知。企业代表始终不明白这是为什么。而投资商给的理由却是：他们坐的是自己企业生产的汽车，而每次关车门的声音都是那么大，因此，这家企业生产的汽车必须用力才能关好车门。而投资商所希望的是，汽车的每一个细节都必须做到完美。

汽车生产企业的代表知道原因之后很是后悔，因为那些动作都是他从小养成的习惯而已，而他们生产的汽车车门根本没有任何问题。他生活中一个不经意的小问题，却给公司带来了无法估量的损失。所以在我们的日常工作中，一定要注意细节问题的发现与解决。

有些人在工作中经常犯马虎轻率的毛病，他们觉得任务完成得差不多，凑凑合合就行了，完全没有必要在一些细节上费工夫、磨时间。他们这种毛病一旦成为习惯，就开始不分轻重地轻视所有工作中的细节问题。有时候在一些细节问题上出了错，他们也会认为是小错误、小疏忽，根本无足轻重，不会对整个大局构成危害。你若是善意地批评他们或是规劝他们改正，他们甚至理直气壮地认为："大礼不辞小让，做大事不拘小节，我是要做一番大事业的人，大刀阔斧的行事，哪能婆婆妈妈的，顾及那些细枝末节的问题呀！"这真是让人哭笑不得。虽然有雄心壮志、希望通过努力工作来创造一番事业是一件好事，但是那不能成为你马虎轻率、粗枝大叶的理由。世间最睿智的所罗门国王曾经说过："万事皆因小事而起，你轻视它，它就一定会让你吃大亏的。"

马虎轻率所带来的小错误、小疏忽的可怕之处在于它们不会停留在原地,而是接着带来毁灭性的危害,因此我们一定要培养自己一丝不苟的精神,遵循"从细微处发现问题,鸡蛋里也要挑骨头"的原则,即使一件小事也要认真仔细地对待。这不仅是对企业负责,也是对自己的前途负责。

小问题会导致大纰漏

在日常工作中,人们总是习惯注意关注那些大事情、大问题,而经常忽略去关心那些细小的问题。原因是认为它们太"小",完全没有必要在这上面耗费太多的精力和时间。殊不知小问题容易出现大纰漏。一个不起眼的小细节极有可能会葬送一个大项目。因此,对小细节应引起足够的重视。

下面这则故事就是因为细节上的一个小的漏洞造成了巨大的损失。

浙江某地用于出口的冻虾仁被欧洲一些商家退了货,并且附带提出索赔。原因是欧洲当地检验部门从1000吨出口冻虾仁中查出了0.2克氯霉素,即氯霉素的含量占被检货品总量的50亿分之一。事件发生后,经过自查,环节出在加工上。原来,剥虾仁要靠手工,员工们因为手痒难耐,便使用含氯霉素的消毒水止痒,结果将氯霉素带入了冻虾仁。0.2克和1000吨比起来可以说是微乎其微,但严谨的欧洲人对于细节问题是相当的重视,他们就是不允许有丝毫的失误,因此该公司为这小小的细节付出了巨大的代价。

类似这样的例子数不胜数。大的错误也许会引起人们足够的重视,但小的失误人们往往会麻痹大意,一带而过。事实上,错误终究是错

153

误,不论它是大还是小,只要是错误我们就应该注意。许多时候小的错误往往更容易造成大的损失。员工要想工作出类拔萃,就应该特别注意细节。

"海不择细流,故能成其大;山不拒细壤,方能成其高。"就说的是细小事物也绝不容忽视,但太多的人都不明白这个道理,太多的人总不关注小事和事情的细节。对于真想干出成绩的人来说,忽略小事和事物的细节实在是不应该的。

其实,许多看来微不足道的事情,其中往往都蕴藏着巨大的机会。

事无巨细,小事情包含大道理,小问题包容着大智慧,把握细节,成功便会与你有约。

吉拉德是全世界著名的汽车推销员,让我们来看看他是怎么做的。

有一天,一位中年妇女从对面的福特汽车销售商行走进了吉拉德的汽车展销室。她很想买一辆白色的福特车,就像她表姐开的那辆一样,但是福特车行的经销商让她过一个小时之后再去,所以到吉拉德这儿来看一看。

"夫人,欢迎您来看我的车。"吉拉德微笑着说。妇女兴奋地告诉他:"今天是我55岁的生日,想买一辆白色的福特车送给自己作为生日的礼物。"

"夫人,祝您生日快乐!"吉拉德热情地祝贺道。随后,他轻声地向身边的助手交代了几句。

吉拉德领着夫人从一辆辆新车面前慢慢走过,边看边介绍。在来到一辆雪佛莱车前时,他说:"夫人,您对白色情有独钟,瞧这辆双门式轿车,也是白色的。"就在这时,助手走了进来,把一束玫瑰花交给了吉拉德。他把这束漂亮的鲜花送给夫人,再次对她的生日表示祝贺。

那位夫人感动得热泪盈眶,非常激动地说:"先生,太感谢您了,已经很久没有人给我送过礼物了。刚才那位福特车的推销商看到我开着一辆旧车，一定以为我买不起新车，所以在我提出要看一看车时，他就推辞说需要出去收一笔钱，我只好上您这儿来等他。现在想一想，也不一定非要买福特车不可。"就这样，这位妇女就在吉拉德这儿买了一辆白色的雪佛莱轿车。

吉拉德对于细节的重视最终使那位妇女改变了只买福特车的想法而转买了雪佛莱轿车。正是对于细节的把握，使吉拉德成为同行中的佼佼者。

我们再看一个更小的事例导致的失败。

有一家公司的采购部经理。他看到公司定制的复印纸异常精美，便不断地拿些回去，给他上学的女儿使用。这些东西被女儿的老师看见了，巧合的是该老师的丈夫，恰好正是与这家公司有业务往来的高级主管。

该高级主管了解到这件事后，说道："这家公司的风气太坏了，他们的员工想的只是自己而不是公司！这样的公司怎么可能有诚意与人合作而做好生意呢？"于是，他中止了与该公司的合作计划。

谁又会想到计划的中断，竟是由一些复印纸造成的呢！

"勿以善小而不为，勿以恶小而为之"。工作中许多小的细节，哪怕它如芥末一样微小，其所造成的危害，也常常比你想象的要严重得多。对于员工来讲，这些看似微不足道，不足以影响大局的小细节，实际上却常常决定着他本人的前途命运。精明的老板，常会从细微之处观察员工、评判员工。比如，站在老板的立场上，一个缺乏时间观念的员工，不可能约束自己勤奋工作；一个自以为是，目中无人的员工，在工作中无法与别人合作沟通；一个做事有始无终的员工，他的做事效率实在令人怀疑……一旦你因这些小小的细节，给老板留下这些印象，那么你对老板而言，你已不是重点培养对象，你的发展道路也就会越走越封闭，甚至可能会被炒鱿鱼。

耍"小聪明"会让自己吃亏

走入社会取得工作后，一些人开始养成了投机取巧的习惯，在他们看来给别人工作耍点"小聪明"是天经地义的事，何必太认真呢？然而成功是一步一个脚印走出来的，耍"小聪明"只能得到一时之利，但却会拉开与成功的距离。

张阳是一家大公司的普通职员，平时工作积极主动，表现很好，待人也热情大方。但有一天，一个小小的动作却使他的形象在同事眼中一落千丈。那一次是在会议室里，当时好多人都等着开会，其中一位同事发现地板有些脏，便主动拖起地来。而张阳似乎有些身体不舒服，一直站在窗台边往楼下看。突然，他走过来，一定要拿过那位同事手中的拖把。本来差不多已拖完了，不再需要他的帮忙，可张阳却执意要求，那位同事只好把拖把给了他。刚过半分钟，总经理推门而入。他正拿着拖把勤勤恳恳、一丝不苟地拖着地。这一切似乎不言而喻了。从此，大家再看张阳时，顿觉他很虚伪，以前的良好形象被这一个小动作一扫而光。

事情如果到此为止也就罢了，可事实总不会这样完结的。在会议室的众多职员中，有一个刚好是总经理的亲戚。就像我们猜测的一样，张阳以后再也没有被重用过。

想一想这样下去是多么可怕的结果，被老板识破"小聪明"后，这些人就辞职，到另外一个公司，于是同样的戏码又开始上演，只不过是换了一个地方，换了一个时间。许多年后，别人都已经创下自己的事业，打下一片江山，他们却只能想：我要去的下一个公司是哪里？也许最后觉得人生可悲，决定从头做起，可已经物是人非，多少机会已经失去！

马昆在学校里是一个很活跃的人，一直被朋友们看好。可是让朋友们吃惊的是，都毕业几年了，马昆还是经常跑人才市场。而让朋友们大跌眼镜的是上学时默默无闻的孙亮，此时已经成为一家日化用品公司在华北地区的市场总监。

这是怎么回事呢？让我们先看看他们这几年的工作经历。

离开学校后，马昆应聘做了一家宾馆的大堂经理。由于爱耍些"小聪明"，所以刚开始挺受重用。可过不多久，他的那些"西洋镜"都被一一拆穿，老板马上就将他"冷冻"起来。无奈之下，马昆只好卷铺盖走人。

之后，马昆又进了一家中德合资企业。德国人严谨实干的作风当然又是马昆不能"忍受"的。

新加坡人、日本人、美国人……这几年，马昆的老板都可以组成一个"地球村"了，可马昆却还是在职场游荡。

孙亮则不同，大学毕业后他就进了这家日化公司的销售部。之后，他勤奋工作，默默地积累工作经验。他对行业渠道的熟悉程度使上司很是赏识，对公司产品更是了然于胸。他的才干很快得到上司的肯定。当该公司华北地区市场总监的位子空缺后，公司总部就让他顶了上去。

他们的经历真像某位大学生所说的"毕业以后，我们发现了彼此的不同，水底的鱼浮到了水面，水面的鱼沉到了水底"。

如果你本身就有一定的才干，又加上你勤奋踏实，肯吃苦，不管大事小事，只要是自己的工作，你都是事无巨细，悉心尽力，力求完美，不断地为自己设定更高的目标，监督自己，激励自己，精益求精，那么只要你保持这种优良的品质，不管在什么岗位上，你都是杰出的。老板会在内心暗暗地赞许你，渐渐地把企业的核心业务交到你的手上，培养你，在一次次重大业务的磨炼中，你才能得以升华。老板最终自然会对你委以重任。而且你周围的同事因为你有满腹的才华，勤奋扎实，兼有老板赏识，自然会对你刮目相看，并因而喜欢你而愿意与你接近，给你力所能及的帮助。这样，在老板心目中你是可以被委以重任的人才，在同事的心目中你是有才华更是让人喜欢的人。

在我们的周围，有很多人本身具有达到成功的才智，可是每次他们都是与成功失之交臂，于是觉得老天对他不公平，怨天尤人。其实他们有没有认真地检讨过自己呢？总是不愿意踏踏实实地去做好自己的本职工作，总是期望很多，付出很少，内心里不屑于去做他们心中"一般的小事"，认为他们被大材小用。认为是小事，就开始耍起小聪明，投机取巧，希望蒙混过关。但是他们有没有静下心来想过：能蒙得过一次、两次，但能总蒙混过关吗？一旦让老板察觉，就会留下极坏的印象。建立一个好的印象需要长期的考察，而留下坏印象却在一瞬间。而且坏印象的改变是很难的。即使老板这一次原谅了你，但是以后可能都不会再信任你，因为你的素质在他的心目中已经打了一个折扣。所以这些人觉得自己与成功无缘，总是怨天尤人，抱怨老板不识人才，只把一些零碎小事交给他们，不给他们施展才华的机会。其实真正的原因是他们自己把机会拒之门外。

从低点起步的人，耍小聪明更危险，因为低点起步的人最多，竞争也最激烈，你的这些小聪明被识别的几率也会更大。为了得来一时的好处，而堵上日后发展的道路，得不偿失。不要再让投机取巧的习惯左右你了，成功的人，都是脚踏实地的人。如果你不能做到认真对待工作，那么即便你学识再高，本领再大，也绝不会从基层脱颖而出，有出人头地的一天。

小生意里也有大财富

做生意不怕小，就怕不赚钱。很多人总看不起一些小生意，好像要赚大钱就得搞房地产、卖汽车。这种想法其实大错特错了，看不起小生意的人最后只会落得个"大钱赚不着，小钱不会赚"的下场。

成功源于发现细节，一桩小生意里很可能暗藏着大乾坤，一个不起眼的小机会说不定就能让你创造奇迹，成为你从低处脱颖而出的垫脚石。

范先生选择在丹麦自谋财路，混迹生意场几年，他想到利用自己独具特色的手艺可以广纳财源，于是他就开了一家中国春卷店。开始时生意并不好，范先生一番调查后明白了，纯粹的中国式春卷并不合欧洲人的胃口。他重新进行精心选择和配制，不再运用中国人常用的韭菜肉丝馅，而是采用符合丹麦人口味的馅心。这一独具匠心的改变，外加范先生的不懈努力，原来惨淡经营的小店顾客络绎不绝，慕名而来者云集，积累了资金，范先生不失时机地扩大生意。范先生就是凭着自己非同寻常的观察视角，利用有利的时机把事业推向高峰的。

他放弃了以前的手工操作，开始采用自动化滚动机新技术来生产中国春卷，并投资兴建了"大龙"食品厂，还建了相配套的冷藏库和豆芽厂。生意越做越大，范先生的春卷开始向丹麦以外的国家出口。他坚持"中国春卷西方口味"这一秘诀，针对欧洲各国人的不同口味，采用豆芽、牛肉丝、火腿丝、鸡蛋或笋丝、木耳、鸡丝、胡萝卜丝、白菜、咖喱粉、鲜鱼等不同原料来制作，生产出来的春卷营养卫生、香脆可口，风格各异，因而深受欧洲各国人的喜欢。

由于大龙春卷价格稳定，又适合西方人口味，范先生的订单滚滚而来，生意扩展到欧洲各国。二十世纪七十年代末，经美国国会的专家化验鉴定后，美国政府决定每天向范先生订购十万只符合美国人口味的大龙春卷，以供给美国驻德国的五万士兵食用。

1986年，墨西哥正在举办第十三届世界杯足球赛的时候，大批球迷忙于看球连吃饭都顾不上。范先生抓住这个机会，按照墨西哥人的口味习惯，生产了一大批辣味春卷销往墨西哥，结果被抢购一空。

范先生不断扩大生产规模，运用新的设备和技术，由原本默默无闻的小商贩一举成为赫赫有名的大商户。由于他的公司产品质量上乘，服务一流，中国式春卷名声大振。

作为商人，怎样将渴望变成现实，并以小赚大呢？这是功力同时也是智慧的呈现。

许多经商者渴望自己能做大宗买卖，赚大钱，但那毕竟是"大款"的专利，底子薄的人可望而不可及。其实，小生意也可以带来高利润，小东西一样可以赚大钱。范先生就是慧眼独具，靠小春卷起家，成了大富翁的。

常常是一些别人熟视无睹的小商品中孕含着大商机，如果你能动脑筋去开发，你就会成为成功者。

西村金助是一个制造沙漏的小厂商。沙漏是一种古董玩具，它在时钟未发明前是用来测算每日的时辰的，时钟问世后，沙漏已完成它的历史使命，而西村金助却把它作为一种古董来生产销售。

沙漏作为玩具，趣味性不多，孩子们自然不大喜欢它，因此销量很小。但西村金助找不到其他比较适合的工作，只能继续干他的老本行。沙漏的需求越来越少，西村金助最后只得停产。

一天，西村翻看一本讲赛马的书，书上说："马匹在现代社会里失去了它运输的功能，但是又以高娱乐价值的面目出现。"在这不引人注目的两行字里，西村好像听到了上帝的声音，高兴地跳了起来。他想："赛马骑手用的马匹比运货的马匹值钱。是啊！我应该找出沙漏的新用途！"

就这样，从书中偶得的灵感，使西村金助的精神重新振奋起来，把心思又全都放到他的沙漏上。经过苦苦的思索，一个构思浮现在西村的脑海：做个限时三分钟的沙漏，在三分钟内，沙漏上的沙就会完全落到下面来，把它装在电话机旁，这样打长途电话时就不会超过三分钟，电话费就可以有效地控制了。

于是西村金助就开始动手制作。这个东西设计上非常简单，把沙漏的两端嵌上一个精致的小木板，再接上一条铜链，然后用螺丝钉钉在电话机旁就行了。不打电话时还可以作装饰品，看它点点滴滴落下来，虽是微不足道的小玩意，也能调剂一下现代人紧张的生活。

担心电话费支出的人很多，西村金助的新沙漏可以有效地控制通话时间，售价又非常便宜，因此一上市，销路就很不错，平均每个月能售出三万个。这项创新使沙漏转瞬间成为对生活有益的用品，销量成千倍地增加，濒临倒闭的小作坊很快变成一个大企业。西村金助也从一个小企业主摇身一变，成了腰缠万贯的富豪。

西村金助成功了，而且是轻轻松松，没费多大力气。可是如果他不是一个有心人，即便看了那本赛马的书，也逃不脱破产的厄运，还很可能成为身无分文的穷光蛋。它给人们一个启示：成功会偏爱那些留心身边事物的有心人。

小细节、小机会中藏着致富的机遇，很多时候留心小事物就能抓住打开成功之门的钥匙、攀上高处的小道，因此小生意不但不能轻视，反而要同样重视。

第八章　脚踏实地，步步为赢

> 脚踏实地是我们未来发展的根本，打下的基础牢固，才更能经受风雨的洗礼；一步一个脚印才走得扎实，也是走出底层的捷径；步步为营方能步步赢。懒惰和偷机取巧虽然会让你享受一时松闲，但却需要你以后花更多的时间来弥补，而且"机不可失，失不再来"，一旦你因为自身不努力而丢掉机遇，很可能会因此抱憾终生。

一步一个脚印就是走出底层的捷径

一步一个脚印，兢兢业业、任劳任怨，这就是走出底层的捷径。决心从低点起步的人不会妄想着一步登天，他们懂得"世界上没有免费的午餐"，一切成绩都需要付出自己的努力，需要脚踏实地地潜下去，把上级交予的任务完成得无可挑剔，这样才会获得青睐，才能受到提拔，而且这种脚踏实地的作风会给上级留下良好的影响，对未来的发展也是极为有利的。

一个人告别学校，步入社会，如果你没有特殊的背景，那么，你职业生涯的第一步就是打工，而且往往要从最底层干起。一般人在这个人生的第一个转型期会感到不适应，本来嘛，在学校里，社会上所发生的一切只是你评判的对象，现在，你要置身其中，与那些你曾经那么强烈喜爱、反对、厌恶，当然还有曾漠视过的人和事为伍，与他们同呼吸、共生活，你首先会失去一段客观评价他们的距离，然后你会失去一份平常心，你会看到那么多的事情不顺眼，你会感觉到从未有过的压力和失落，你会体味到一个打工者的卑微和无奈……

如果把一个公司所有打工人员的构成比喻为一座金字塔，高高在上居于塔尖的是总经理，伏在塔底、默默耕耘、人数众多，支撑着塔身的是公司中最为普通的职员。如果你刚刚走上社会，你最容易关注到塔尖上荣光无限的老总们，而常常忽视了这些老总从塔底走向塔顶的过程。

事实上，无论是谁，包括那些叱咤风云的商场精英，都有一个在最底层逐渐适应的过程。但是，谁能正视自己、尽快调整好自己的心态，谁就能脱颖而出，尽量缩短这个适应期。

不同的人有不一样的机遇和不一样的成功。但有一点是一样的：走好你的第一步，只有这样，你才能在人生的阶梯上步步升高，直至顶点。

虽然你身在底层，你的工作是那么的微不足道，你也许还有许多的失落和怨言，但是，你一定不能看不起你的工作。如果你认为自己的劳动是那样的卑贱，那么你永远也不会从自己的劳动中学到经验和技能，也就永远不可能获得事业的成功。

伯格和赫尔·凯恩在公司里学历是最高的，本以为到公司就会受到重用，进入重要岗位。可是安排下来的工作，令他们大失所望，他们仿佛成了杂务工。于是伯格开始厌倦这份工作，常常打电话和留意招聘信息，随时准备跳槽，工作扔到一边，常常缺勤；赫尔·凯恩虽然心里不痛快，却仍然安心工作、任劳任怨，把它作为锻炼自己的机会，相信总有一天会赢得认可。他还深入了解公司情况，丰富自己的业务知识，熟悉工作内容。五个月后，赫尔·凯恩被调到重要岗位，结束了单调而乏味的工作。而伯格还没找到其他工作，却已经被辞退。

今天，同样还有许多人认为自己所从事的工作是低人一等的。他们身在其中，却无法认识到其价值，只是迫于生活的压力而劳动。他们轻视自己所从事的工作，自然无法投入全部身心。他们在工作中敷衍搪塞、得过且过，并将大部分心思用在如何摆脱现在的工作环境上。这样的人在任何地方都不会有所成就。

所有正当合法的工作都是值得尊敬的，只要你诚实地劳动和创造，没有人能够贬低你的价值，关键在于你如何看待自己的工作。那些只知道要求高薪，却不知道自己应承担责任的人，无论对自己，还是对老板，都是没有价值的。

某些工作也许看起来并不高雅，工作环境也很差，无法得到社会的承认。但是，请不要无视这样一个事实：有用才是伟大的真正尺度。在许多年轻人看来，公务员、银行职员或者大公司管理人员才称得上是绅士，他们甚至愿意等待漫长的时间去谋求一个公务员的职位。但是，花同样的时间他们完全可以通过自身的努力，在现实的工作中找到自己的位置，发挥自己的价值。

当然，人都想往高处走，身在底层，心试应该站在最高处。只有给自己立下远大的志向，才会有奋斗的目标。否则浑浑噩噩地过日子，那岂不是虚度光阴吗？但不是说志向要愈高愈好，因为所立下的志愿若超出自己的能力，或脱离了现实范围，也就成了妄想。"先衡量自己的工作能力，设计长远目标；从工作实际出发，制订长远的计划，一日一日地逐步去执行，才能达到理想。"这就是克拉博士给公司员工的临别赠言，告诉我们有目标还得有实际行动，从低点起步，就得严格执行自己的计划，这样才能完成目标，完成定位，真可谓是语重心长。

切勿好大喜功，分段实现目标

没有工作目标的人，注定提升不了自己，更谈不上什么成功，但如果工作目标过大，你就要学会把大目标分解成若干个具体的小目标，否则，很长一段时期仍达不到工作目标，就会让你觉得非常疲惫，继而容易产生懈怠心理，甚至你可能会认为没有成功的希望而放弃你的追求。

如果分解成具体的小目标，分阶段地逐一实现，这样达到预定的小目标耗费的力气就小得多，也容易尝到成功的喜悦，继而产生更大的动力去实现下一阶段的工作目标，不要说"笑到最后才是笑得最好的人"，经常让自己笑一笑，分阶段的成功加起来就是最后的成功。

美国芝加哥有一位青年叫雷恩，25 岁的时候，因失业而挨饿，他白天就在马路上乱走，目的只有一个，躲避房东讨债。

一天他在 42 号街碰到著名歌唱家夏里宾先生。他在失业前，曾经采访过夏里宾先生。但是他没想到的是，夏里宾先生竟然一眼就认出了他。"很忙吗？"他问雷恩。

雷恩含糊地回答了他，他看出了雷恩的际遇。"我住的旅馆在第 1 号街，跟我一同走过去好不好？""走过去？但是，夏里宾先生，60 个路口，可不近呢。""胡说"，他笑着说，"只有 5 个街口。""……"，雷恩不解。"是的，我说的是第 6 号街的一家射击游艺场。"

这话有些答非所问，但雷恩还是顺从地跟他走了。"现在，"到达射击场时，夏里宾先生说，"只有 11 个街口了。

不多一会，他们到了卡拉奇剧院。"现在，只有 5 个街口就到动物园了。"

……

又走了 12 个街口，他们在夏里宾先生的旅馆停了下来。奇怪得很，雷恩并不觉得怎么疲惫。

夏里宾先生给他解释为什么不疲惫的理由："今天的走路，你可以常常记在心里。这是生活艺术的一个教训。你与你的目标无论有多遥远的距离，都不要担心，把你的精神集中在 5 个街口的距离，别让那遥远的未来令你烦闷。"

1984 年，在东京国际马拉松邀请赛上，名不见经传的日本选手山田本一出人意料的夺得了冠军。当记者问他凭什么取胜时，他只说了"凭智慧战胜对手"这么一句话，当时许多人认为这纯属偶然，山田本一是在故弄玄虚。

两年后，在意大利国标马拉松邀请赛上，山田本一再次夺冠。记者又请他谈经验，性情木讷的山田本一还是那句话："用智慧战胜对手"，许多人对此迷惑不解。

10 年后，山田本一在自传中解开了这个谜。他是这么说的："最初，我把目标定在 40 公里外的终点线上，结果我跑到十几公里就疲惫不堪了，我被前面那段遥远的路程给吓倒了。后来，每次比赛前，我都要乘车把比赛的线路仔细看一遍，并画下沿途比较醒目的标志，比如第一个标志是银行，第二个标志是红房子……这样一直画到赛程终点。比赛开始后，我以百米的速度奋力向第一个目标冲去，等到达第一个目标后。我又以同样的速度向第二个目标冲去。40 多公里前赛程，就被我分成这么几个小目标轻松完成了。"

许多工作之所以会半途而废，常常不是因为困难大，而是成功的距离较远，正是这种心理上的因素导致了失败，把长距离分解成若干小段，逐一跨越它，就会轻松许多，同样把目标分阶段可以让你清楚当前该做什么,怎样能做得更好。

就像我们小时候写作文,题目是将来长大做什么?有的同学就说:"我长大了要做伟人。"这个目标就有点太庞大,太笼统了。目标必须分阶段实现,比如你想把英文学好,那么你就订一个目标,每天一定要背10个单词、一篇文章,要求自己在一年之内能看懂英文书报,由于你定的目标具体到每一个阶段,并能按部就班去做,目标就容易达到。

在平常的生活、工作中,我们都会有自己的目标,达到目标的成功关键在于把目标细化、具体化,这样才能一步一步地提升自己。不管你是一名怎样的员工,心中要完成多么大的工作目标,请学会阶段性的成功工作方法,然后一步一步地提升自己,不要急于即刻包打天下。这也是另外一种从低点起步的方式——首先做好小目标,然后完成大目标。

不要犯眼高手低的毛病

有些人总是有很高的梦想,他们不屑于眼前的这些小事。旁人在他们眼中,也大多是一群庸庸碌碌之辈,谈不上有什么共同语言。但在最初交往时,人们往往会被他们表面的雄心壮志所迷惑,老板也会认为他们是难得的栋梁之才。而事实上,他们眼高手低,大部分时间都沉浸在自己宏伟的梦想中,却不懂得从低点起步,用实际行动来证明自己。长此以往,他们不能也不会做出什么成就,曾经的雄心壮志难免会变成同事们茶余饭后的玩笑。除非他们翻然悔悟,奋起直追,否则,等待他们的往往是慢慢沉沦,或者跳到其他的公司去继续发牢骚,即使这样,同样的悲剧也难免再次上演。

郭英毕业于某大学外语系,她一心想进入大型的外资企业,最后却不得不到了一家成立不到半年的小公司"栖身"。心高气傲的郭英根本没把这家小公司放在眼里,她想利用试用期"骑马找马"。

在郭英看来,这里的一切都不顾眼——不修边幅的老板,不完善的管理制度,土里土气的同事……自己梦想中的工作可完全不是这么回事啊。"怎么回事?""什么破公司?""整理文档?这样的小事怎么让我这个外语系的高材生做呢?""这么简单的文件必须得我翻译吗?""就一篇小报告而已,为什么自己不写要我帮忙呢?""噢,我受不了了!"

就这样,郭英天天抱怨老板和同事,双眉不展、牢骚不停,而实际的工作却常常是能拖则拖,能躲就躲,因为这些"芝麻绿豆的小事"根本就不在她思考的范围之内,她梦想中的工作应该是一言定千金的那种。呵,梦想为什么那么远呢。

试用期很快过去了,老板认真地对她说:"我们认为,你确实是个人才,但你似乎并不喜欢在我们这种小公司里工作,因此对手边的工作敷衍了事。既然如此,我们也没有理由挽留你。对不起,请另谋高就吧!"

被辞退的郭英这才清醒过来,当初自己应聘到这家公司也是费了不少力气的,而且,就眼前的就业形势,再找一份像这样的工作也很困难啊。初次工作就以"翻船"而告终,这让郭英万分失望与后悔,可一切都已晚矣!

有些员工则不同,他们也有很高的梦想,但他们不会每天都深陷于幻想中难以自拔,他们会制订好切实可行的计划,从现在的工作开始做起,从一点一滴的小事做起,并这样毫不松懈地坚持下去。他们知道除非是他们努力把事情做成,否则什么也不会发生。就这样,他们一步步地默默努力着。即使原本起点很低,但一天一点进步,就会慢慢缩短与目标的差距。终于有一天,他们晋升成为公司的骨干,所有人都不禁会大吃一惊,但仔细回想,这一切其实纯属正常,毕竟天助自助者。梦想对于他们，已经变成了活生生的现实。

李妍大学一毕业就去了南方，然后顺利地在一家跨国公司找到了一个职位。上班的第一天，李妍就发誓要让自己成为公司里的不可缺者之一。

李妍负责的工作是档案管理，资源管理专业出身的她很快就发现了公司在这方面存在的弊端。她开始连夜加班，查阅大量资料，运用所学的理论知识写出一份系统的解决方案，并将公司内部工作运行流程、市场营销方式以及后勤事务的规范，也整理出一套完整的方案，然后一并发到行政经理的电子信箱中。没过几天，行政经理就请她到公司的餐厅喝咖啡，离开时语重心长地拍了拍她的肩头："公司对勤奋的人，向来是给予足够的空间施展才华的，好好努力。"

李妍更加努力工作。公司想竞标一个大商厦周围的霓虹灯方案，同事们整天翻案例找朋友，忙得焦头烂额。李妍白天做自己分内的工作，晚上却通宵不眠熬红了眼做方案文书。竞标前一天交方案时，李妍去得最晚，行政经理不解："你们部门已经交来了。"李妍充满信心地看着他说："这是不一样的！"竞标的当天，各种方案一下子被否决掉好几份，公司高层开始紧张，决定试试李妍的方案。这一试让李妍为公司立下了汗马功劳。

第二天，消息就传遍了整个公司，大家都知道了人事资料管理科有个叫李妍的人很出色。一个月之后，公司人事大调整，原来的部门经理调到别的部门，新来的行政任命文件上赫然印着李妍的名字。在同事们复杂的眼光里，李妍收拾好自己的东西，迈着悠闲的脚步走进了18层那间豪华的办公室。

想一想你周围的人们，像郭英或者李妍这样两种截然不同的人应该都不在少数。也许你会对那些刚开始豪情万丈的人充满由衷的向往，忍不住在心中勾画起自己的蓝图来。这样做是没有错，每个人都应该有自己的理想，但理想一定要切合实际，更重要的是，你要做好行动的计划和准备，要通过自己的努力实现理想。因此，那些像蜜蜂般踏实工作，并取得了一定成绩的人才是真正值得我们去学习的。毕竟，每个人来公司都是要做一些事情的，只有空想是不行的，如果每天都沉浸在自己的梦想中，以至于耽误了正常的工作，想做的还做不到，该做的又不去做，老板会继续需要你吗？同事们会视而不见，毫无怨言吗？

当人们抱着过高的目标接触现实环境时，感到处处不如意，事事不顺心，于是就整天地抱怨。其实在做事时，你首先要做的是根据现实的环境调整自己的期望值，即使你给自己定位很高，但做起事不妨把自己放低一点，做好上级交给的各种任务，甚至主动完成额外工作。千里之行始于足下，只有辛勤耕耘才会有所收获。再宏伟的梦想，也经不住只说不做；因此做事一定要脚踏实地，坚决杜绝眼高手低。

从做自己力所能及的事开始

从低点起步的人，不要被困难、挫折所吓倒，也不要因为满布荆棘而不敢前行，你只需要从做自己力所能及的事开始，慢慢提升自己的能力，困难就会一个一个地被你趟过，荆棘之路也会被踩在脚下。

有个年轻的律师，在走出大学校园的那一刻，曾暗暗发誓：一生致力于维护公正，帮助弱小。三年过去了，年轻人发现周围依然充斥黑暗与欺诈，强势者横行霸道，弱小者求助无门。年轻人带着苦闷沮丧，心灰意冷地情绪到海边一个朋友家小住。每天清晨，年轻人都要到海边散步。一天早上，年轻人看见海滩上有个六七岁的小男孩拾起一条条鱼扔回海里。年轻人走过去，问小男孩为什么这样做。小男孩告诉年轻人，太阳一出来，这些搁浅的鱼就会死掉。

年轻人看看一望无际的海滩，以及海滩上随处可见的鱼，又问："这海滩上的鱼至少也有几百万条吧！你这样做又有什么用呢！"

小男孩拾起一条鱼，把它抛到海里，"三百六十六，我已经帮助三百六十六条鱼活下来了，"小男孩说着又拾起一条鱼扔到海里。同时数道"三百六十七。"

年轻人把苦闷沮丧的情绪留在海边，当天就赶了回去。他意识到：我可以而且应该去做很多力所能及的事情。

活在世上，每天都会遇到烦心事。社会为什么这么不公平，我各方面都比他强，为什么这家公司偏偏录取了他，而不要我，难道就只因为我没有一个好爸爸？是的，世界本来就是不公平的，也很难公平。什么是公平，你能下一个明确的定义吗？

本来，公平就是一个综合的评定，是我们个人无法决定的。与其整天望洋兴叹，不如振作起来，做自己力所能及的事。

做好身边的事，慢慢地我们就会找到感觉，找到兴趣，看到自己的价值，尝到成功的快乐，积极愉快的情绪就会慢慢培养起来了。情绪越是积极愉快，我们做事就越有劲头，个人的潜力也能很好的发挥，也就会越接近成功。让我们行动起来吧，从做自己力所能及的事开始，一步步地挖掘自己的潜力，向自己挑战！

饭要一口一口地吃，事要一步一步地做

俗话说："心急吃不了热豆腐。"谁都明白饭要一口一口地吃，任何人都不能一口吃个胖子。对于做事来说，也需要一步一步去做才能实

现目标，才能慢慢向成功靠拢。

就读于某名牌大学新闻系的刘军，在校时就已经有许多篇文章问世，有的文章还在社会上产生了较大的反响。早已享有"才子"称号的他，毕业时与其他几位同学一起被分配到了某报社。

刘军想当然地认为自己一定会被分到"要闻部"，不久就会成为"名记"。可是，当领导公布岗位分配的名单时，他才知道自己被分到了总编办公室。而另有两位没有他出色的同学，则被安排在要闻部当实习记者，这一下，刘军不禁大失所望。

他开始埋怨领导"不识真金"、"有眼无珠"、"安排不当"。实际上，领导这样安排，并非不了解他，而是想让他全面了解报业的运作过程和主要环节，使他了解全局，以便更好地发挥他的作用。领导的本意是想给他提供锻炼、成长的机会，将来加以重用，但刘军却看不到这一点，反而心生怨言，没干多久就辞职了。这无异于自毁前程。

李平大学毕业后，被分配到一家电影制片厂担任助理影片剪辑。这本来是一个人在影视界寻求发展的起点，但在10个月后，她却离开了这个岗位，辞职了。

她认为自己这样做的理由很充分：堂堂一个大学毕业生，受过多年的高等教育，却在干一个小学毕业生都能干的事情，把宝贵时光耗费在贴标签、编号、跑腿、保持影片整洁等琐事上面。这怎能不使她感到委屈呢？她有一种上当受骗的感觉，更有一种对不起自己的感觉。

几年后，当李平看到电视上打出的演职员表名单时，竟然发现以前的同事，有的现在已经成为著名的导演，有的已经成为制作人。此时，她的心中颇有点不是滋味。

李平原来并未看到平凡岗位上的不平凡意义，所以她的辞职是自己关闭了在影视界闯出一番事业的大门。

许多实现了人生目标的过来人都说，谁都无法"一步到位"，只能一步一个脚印地走下去，才会达到成功。因此，人不要把眼睛只盯住脚下、眼前，而不抬头看看巅峰高处、忽视了自己事业的长远规划。

决心获得成功的人都知道，进步是一点一滴不断努力得来的，就像"罗马不是一天造成的"一样。例如，登山是一步一步向上爬的；房屋是由一砖一瓦堆砌成的；足球比赛最后的胜利是由一次一次的得分累积而成的；商家的繁荣也是靠着一个一个的顾客逐渐壮大的。所以每一个重大的成就都是一系列的小成就累积而成的。

西华·莱德先生是个著名的作家兼战地记者，他曾在1957年4月的《读者文摘》上撰文表示，他所收到的最好的忠告是"继续走完下一里路"，下面是其中的几段：在第二次世界大战期间，我跟几个人不得不从一架破损的运输机上跳伞逃生，结果迫降到缅甸、印度交界处的树林里。如果要等救援队前来援救，至少要好几个星期，那时可能就来不及了，只好自己设法逃生。我们唯一能做的就是拖着沉重的步伐往印度走，全程长达140里，必须在8月的酷热和季风所带来的暴雨的双重侵袭下，翻山越岭长途跋涉。

才走了一个小时，我的一只长统靴的鞋钉刺到另一只脚上，傍晚时双脚都起泡出血，范围像硬币那般大小。我能一瘸一拐地走完140里吗？别人的情况也差不多，甚至更糟糕。他们能不能走完呢？我们以为完蛋了，但是又不能不走，好在晚上找个地方休息。我们别无选择，只好硬着头皮走下一里路……

当我推掉原有工作，开始专心写一本15万字的大书时，一直定不下心来写作，差点放弃我一直引以为荣的教授尊严，也就是说几乎不想干了。最后不得不记着只去想下一个段落怎么写，而非下一页，当然更不是下一章了。整整6个月的时间，除了一段一段不停地写以外，什么事情都没做，结果居然写成了。

几年以前，我接了一件每天写一则广播剧本的差事，到目前为止一共写了2000个。如果当时就签一张"写作"2000个剧本的合同，一定会被这个庞大的数目吓倒，甚至把它推掉。好在只是写一个剧本，接着又写一个，就这样日积月累真的写出这么多了。

最好的戒烟方法就是"一小时又一小时"地坚持下去，有许多人用这种方法戒烟，成功的比率比别的方法要高。这个方法并不是要求他们下决心永远不抽，只是要他们决心不在下一个小时内抽烟而已。当这个小时结束时，只须把他的决心继续到下一小时就行了。当抽烟的欲望渐渐减轻时，时间就延长到两小时，延长到一天，最后终于完全戒除。那些一下子就想戒除的人一定会失败，因为心理上的感觉受不了。一小时的忍耐很容易，可是永远不抽那就难了。想要达成任何目标也最好用这种按部就班的方法。

对于那些从低点起步的人来讲，不管被安排的工作多么不重要，都应该看成"使自己向前跨一步"的好机会。推销员每促成一笔交易时，就有资格迈向更高的管理职位了。牧师的每一次布道、教授的每一次演讲、科学家的每一次实验，以及商业主管的每一次开会，都是向前跨一步，更上一层楼的好机会。有时某些人看似一夜成功，但是如果你仔细看看他们过去的奋斗历史，就知道他们的成功并不是偶然、幸运所致，他们也是这样一步步走来的。

因此，请千万记住一点：任何事情的发展都需要一个逐步提升的阶段性过程，任何宏伟目标的实现都需要一个逐步积累的时期，攀登高峰的成就也是从低处一点一点爬上了的。

成功无捷径，别总想着投机取巧

聪明并不代表智慧。很多人在不同的方面都有些小聪明，但却难以成为一个有大智慧的人。一个人如果把心思过多地用在小聪明上，他必定没有精力去开发和培植他的大智慧。聪明和智慧是两个不同的概念，智慧有益无害，聪明益害参半，把握得不好的小聪明则贻害无穷。

喜欢耍小聪明的人，往往乐于追逐眼皮底下的急功近利，看不到长远的根本利益。相反地，具有大智慧者很少会在众人面前炫耀自己的聪明才智，他们更不会自作聪明地干一些实际上愚蠢至极的事情。真正的聪明者不需要通过投机取巧来加以表现，自作聪明者常常反被自以为是的小聪明所累。

从前有个小男孩，非常聪明，但在长久的夸奖声中，他渐渐地开始偷懒，想靠投机取巧来获得成功。

这天，小男孩有幸和上帝进行了对话。

小男孩问上帝："一万年对你来说有多长？"

上帝回答说："像一分钟。"

小男孩又问上帝："一百万元对你来说有多少？"

上帝回答说："相当一元。"

小男孩对上帝说："你能给我一元钱吗？"

上帝回答说："当然可以。请你稍候一分钟。"

一位哲人说过："投机取巧会导致盲目行事，脚踏实地则更容易成就未来。"我们的成功需要智慧，更需要脚踏实地地付出。人要站的牢才会走得稳，投机取巧走捷径或许在一时能得到好处，但是因为没有厚实的基础，脚步太过于轻快，导致的结果只会是在长途跋涉中落后于别人。作为一个渴望获得成功的人来说，身处低处眼光也应该永远看向前方，但是前进的道路却在我们脚下，只有实实在在地走好每一步，才能走得更远、站得更高。

世界上绝顶聪明的人很少，绝对愚笨的人也不多，一般人都具有普通的能力与智商。但是，为什么许多人都无法取得成功呢？

一个最重要的原因在于他们习惯于投机取巧，用小聪明来替代所必须要付出的心血，不愿意付出与成功相应的努力。人们都懂得"宝剑锋从磨砺出，梅花香自苦寒来"的道理。可是一旦摊上自己做事，马上就又回复到"投机取巧"的"捷径"上来了。

投机取巧会使人堕落，无所事事会令人退化，只有勤奋踏实地工作才是最高尚的，才能给人带来真正的幸福和乐趣。成功者的秘诀就在于他们能够摒弃"投机取巧"的坏习惯，无视那些小聪明，用自己的努力开创属于自己的辉煌。

"机关算尽太聪明，反误了卿卿性命。"聪明是好事，但要用在适当的地方，才能显示出其真正的价值，想投机取巧、不劳而获，"聪明"只能把你扯入失败的深渊。

赶走浮躁，认真做好每件事

浮躁的人在人生低谷时也想着早早地走出来，希望走命运坦途，可是他不能定下心来，左顾右盼就是不肯下苦功、努努力，结果多年过去，自己还在原地踯躅。可以说从低点起步的人想要做出成绩，就必须赶走这种浮躁的心理。

不管做什么样的人，穷人或富人，官员或普通百姓，都不可有势利气，就是说不要折屈自己的人品去趋炎附势。不管从事什么职业，从艺还是经商，务农还是做工，都不可有粗浮心，就是不可有粗枝大叶、马马虎虎、浮躁不踏实的心态。

美国成功学家马尔登说过，马马虎虎、敷衍了事的浮躁心态，可以使一个百万富翁很快倾家荡产。相反地，每一个成功人士都是认认真真、兢兢业业的。追求精确与完美，是成功者的个性品质。他讲了这样一个故事——一家皮货商订购一批羊皮，在合同中写道："每张大于4平方尺、有疤痕的不要。"注意，其中的顿号本应是句号。结果供货商钻了空子，发来的羊皮都是小于4平方尺的，使订货者哑巴吃黄连，有苦说不出，经济损失惨重。

"粗心"、"懒散"、"草率"，这样一些评价送给生活中成千上万的失败者毫不为过。有多少人，包括职员、出纳、教师、编辑，甚至大学教授，都是因为粗心马虎而犯下错误。

相反地，做事认真，则能帮助一个人获得成功。法国作家大仲马有一个朋友，他向出版社投稿经常被拒绝。这位朋友就来向大仲马求教。大仲马的建议很简单：请一个职业抄写人把他的稿子干干净净誊写一遍，再把题目做些修改。这位朋友听从了大仲马的建议，结果他的文章就被一个以前拒绝过他的出版商看中了。再好的文章，如果书写太潦草，谁会有耐心去拜读呢？

美国著名演员菲尔兹曾说道："有些妇女补的衣服总是很容易破，钉的扣子稍一用力就会脱落；但也有一些妇女，用的是同样的针线，而补的衣服、钉的纽扣，你用吃奶的力气也弄不掉。"做事是否认真，体现着一个人的心态。只有那些有着严谨的生活态度和满腔热忱的富有敬业精神的人，才会认真对待每一件事，不做则已，要做就一定要尽心尽力做好。这样的人也往往会得到别人的信任，为自己打开成功之门。

洛克菲勒是美国石油大亨，他的老搭档克拉克这样评价他道："他有条不紊和细心认真到极点。如果有一分钱该归我们，他要取来；如果少给客户一分钱，他也要客户拿走。"

洛克菲勒对数字有着极强的敏感性，他常常在算账，以免钱从指缝中悄悄溜走。他曾给西部一个炼油厂的经理写过一封信，严厉地质问道："为什么你们提炼一加仑火油要花1分8厘2毫，而另一个炼油厂却只需9厘1毫？"这样的信还有："上一个月你厂报告有1119个塞子，本月初送给你厂10000个。本月份你厂用去9537个，却报告现存1012个。其他570个下落如何？"类似这样的信据说洛克菲勒写过上千封。他就是这样从账面数字——精确到毫、厘位，分析出公司的生产经营情况和弊端所在，从而有效地经营着他的石油帝国。

洛克菲勒这种严谨认真的工作作风是在年轻时养成的。他16岁时初涉商海，是在一家商行当簿记员。他说："我从16岁开始参加工作就记收入支出账，记了一辈子。它是一个能知道自己是怎样用掉钱的唯一办法，也是一个人能事先计划怎样用钱的最有效的途径。如果不这样做，钱多半会从你的指缝中溜走。"

世界上怕就怕"认真"二字。做事细心、严谨、有责任心、追求完美和精确，是认真；做人坚持正道，不随波逐流，不为蝇头小利所惑，"言必行，行必果"，也是认真；生活中重秩序、讲文明、遵纪守法，甚至起居有节、衣着整洁、举止得体，也是认真的体现。认真就是不放松对自己的要求，就是在别人苟且随便时自己仍然坚持操守，就是高度的责任感和敬业精神，就是一丝不苟的做人态度。

步步为营步步赢

即使自身具备再优越的条件，一次也只能脚踏实地地迈一步。这是十分简单的道理，然而，很多初入社会的年轻人，在步入社会后，却把这么简单的道理忘记了。他们总想一步登天，恨不得第二天一觉醒来，摇身一变成为比尔·盖茨一样的成功人物。他们对小的成功看不上眼，要他们从基层做起，他们会觉得很丢面子，他们认为凭自己的条件做那些工作简直是大材小用。他们有远大的理想，但又缺乏踏实的精神，最终只能四处碰壁。

任何一个人的成功都不是靠空想得来的，只有踏踏实实一步一个脚印地去尝试、去体验，才能最终取得成功。不管你拥有过怎样知名学府的毕业证书，也不管你获得过怎样高的奖励，你都不可能在踏出校门的第一天就获得百万年薪，更不可能开上公司所配的"宝马"跑车，这些都需要你踏踏实实地去干，去争取。如果你不能改掉眼高手低的坏毛病，那么，不但初入社会就容易遭遇挫折，以后的社会旅程也会布满荆棘。

上世纪70年代，麦当劳公司看好了中国台湾市场，决定在当地培训一批高级管理人员。他们最先选中了一位年轻的企业家。让那个企业家没有想到的是，第二天一上班，总裁就先让他去打扫厕所。后来他晋升为高级管理人员，看了公司的规章制度后才知道，麦当劳公司训练员工的第一课就是从打扫厕所开始的，就连总裁也不例外。

创维集团人力资源总监王大松曾经说："年轻人只有沉得下来才能

成就大事。无论你多么优秀，到了一个新的领域或新的企业，刚出校门就只想搞策划、搞管理，可是你对新的企业了解多少？对基层的员工了解多少？没有哪个企业敢把重要的位置让刚刚走出校门的人来掌管，那样做无论对企业还是对毕业生本人都是很危险的事情。"

所以，要想获得事业的成功，就先去掉身上的浮躁之气，培养起务实的精神，扎扎实实打好基础，基础打好了，你事业的大厦才可能拔地而起。

戒掉浮躁之气并不困难，只需把自己看得笨拙一些。这样你就很容易放下什么都懂的假面具，有勇气袒露自己的无知，毫不忸怩地表示自己的疑惑，不再自命不凡、自高自大，培养起健康的心态。这有利于更快更好地掌握处理业务的技巧，提高自己的能力，还能给上司和同事留下勤学好问、严谨认真的好印象。

拥有笨拙精神的人，可以很容易地控制自己心中的激情，避免设定高不可攀、不切实际的目标，不会凭着侥幸去瞎碰，也不会为了潇洒而放纵，而是认认真真地走好每一步，踏踏实实地用好每一分钟，甘于从不起眼的小事做起，并能时时看到自己的差距。

认真扎实地去做基础工作，是培养务实精神的关键。越是那些别人不屑去做的工作，你越要做好。工作能力是有层级的，只有从基础做起，处理好小事，才能打好根基，培养起处理大事的能力。

你还要保持一颗平常心，坦然地去面对一切。如果小有成就，也不需太得意，如果遇到挫折，也不要消极失望。"不以物喜，不以己悲"的心态，会使你更加关注自己的工作，并集中精力做好它。

此外，还要切忌急于求成。事业的成功需要一个水到渠成的过程，急于求成可能导致功败垂成。

人的成长是需要一个过程的，这个过程不是任何文凭、学位可以缩短或替代的，否则就会出现断层，就会成为空中楼阁。"没有人能随随便便成功"，这是一句歌词，也是一条真理。"随便"是指空想、浮躁，只有去掉这些，发扬务实的精神，万丈高楼才能拔地而起。初入社会是一个人的品质和生涯定格的时期，如果你能在这个时期树立起务实的精神，扎扎实实地练就基本功，那么还有什么能阻碍你成功呢？

不管你从事哪一行哪一业，成功都自有其既定的路径和程序，一步一步地来，步步为营步步赢，成功自然会在不远的地方等着你，想一步登天，成功就会跑得比你更快，你永远都追不上。

脚踏实地，才能避免漂浮

不少低点起步的人都有一个毛病，那就是好高骛远，眼光总是盯着领导的职位，却不能沉下心来做好本职工作。长此以往，很难做出什么让领导满意的成绩，不能进入上级的观察范围，也自然难有什么作为。想要改掉这个非常要不得的坏习惯，就必须要学会脚踏实地。

"脚踏实地，才能避免漂浮"。是能有所成就者不断勉励自己的成功箴言。飘而无根，就会任风儿吹东吹西；脚踏实地，才能震而不乱。要想成就大事就要不断地对自己说这些话，不厌其烦地提醒自己，因为它对你是终身有益的。

脚踏实地能够让一个年轻人实现自己的愿望，从芸芸众生中脱颖而出。只要你能全身心地投入到自己的工作中去，即使是一个能力一般的人，也可以取得比较不错的成绩。

人们对待工作的不同态度，产生着不同的结果。因为，我们都知道一心一意和三心二意的结果有着天壤之别。如果你是公司的员工就要脚踏实地、勤勤恳恳、全神贯注、充满热情地工作，那么你很快就会得到老板的赏识。让上司放心的就是你这份积极的心态，影响上司的也是这份心态。领导者排斥那种冷漠、粗心大意、懒惰的员工。

"来到这个世界上，做任何事都要全力以赴。"罗斯金的这句话，说得很有道理。我们来到这个世界，没有贵贱之分，没有高尚和卑微的职业差别，上帝要每个人都从事着对社会有意义的事情，要每个人都在属于自己的行业里找到自己的快乐与满足。

有一些非常擅长做家务的主妇，不管她们是做饭、洗碗具，还是铺床、洗衣，都有一副自得其乐的专注神态。她们以积极的心态做着各种事，并从中感受到乐趣。看着她们以轻松愉悦的心情做事，看着她们那发自内心的满足，真是一种享受。她们使家庭的氛围变得温馨、舒适，使人的心灵得到慰藉，使生活更为美好。

还有另外一些家庭主妇，她们把家务活当成天下最乏味的事，只要稍有可能，她们就会拖延或干脆省掉那些家庭劳动，即使是被迫做了一些，结果也不能令人满意，甚至是一片狼藉，整个房间乱成一团，毫无舒适感。在这样的家庭里，身心怎么能得到放松呢？你只会觉得一切都是乱七八糟。换句话说，她是以三心二意的手艺人心态在做事，而不像前面提到的家庭主妇，完全以全心全意的艺术家心态在做家务。

一份卑微的工作也并不能代表什么，一个低点的起步并不是什么大不了的事，即使是补鞋这么低微的工作。有一些鞋匠把它当做艺术来做，全身心地投入到工作中去。不管是打一个补丁还是换一个鞋底，他们都会一针一线地精心缝补。另外一些鞋匠却截然相反，随便打一个补丁，根本不管它的外观，好像自己只是在谋生，根本没有热情来关心工作的质量。前一种人热爱这项工作，不是总想着从修鞋中赚多少钱，而是希望自己的手艺更精，成为当地最好的补鞋匠。

生活中有一条颠扑不破的真理，不管是最伟大的道德家，还是最普通的老百姓，都要遵循这一准则，无论世事如何变化，也要坚持这一信念。它就是在充分考虑到自己的能力和外部条件的前提下，进行各种尝试之后，找到最适合自己做的工作，就集中精力、全力以赴地做下去。惟有脚踏实地，人生攀登路上才能走得稳，爬得高，也才能更快地走出人生低谷，更快地摘取成功果实。

走好脚下每步路

我们当中总不乏有些人在做事前先要费尽心思地盘算能不能偷工减料，能不能找到解决问题的小窍门、小技巧，甚至不惜损害他人的利益来达到自己的目的。这些人总以为自己很聪明，可事实证明，越是自作聪明的人，越是"聪明反被聪明误"。

人若有些小聪明是好事，但是我们不应当将所有的希望，将事物的成败都寄予在我们的"小聪明"上，更多的时候，我们需要的是脚踏实地地去做，去努力，而不是依靠投机取巧。

世界上最伟大的哲学家之一柏拉图正和他的学生走在马路上。这名学生是柏拉图的得意弟子之一。他很聪明，总是能在很短的时间之内领会老师的意思；他很有潜力，总是能提出一些具有独特视角的问题；他也很有理想，一直希望自己能够成为像老师一样伟大，甚至比老师还要博学的哲学家。所以他常常自视聪慧，不愿意在学识上多下工夫，自认为聪明能敌过他人的努力。

但是柏拉图认为他还需要生活的历练，还需要更加刻苦。柏拉图曾经语重心长地对这名学生说过一句话："人的生活必须要有伟大理想的指引，但是仅有伟大的理想而不愿意脚踏实地，一步一个脚印地朝着理想奋进，那也就不能称为完美的生活。"

这名学生知道老师是在教导自己要脚踏实地，但他认为自己比别人聪明，总能用一些技巧轻易地解决问题，自己的理想也比别人的更加伟大，所以只要自己想做的，总能轻易地取得成功。

柏拉图也相信这名学生能够做出一番大事业，但是他却只看到大目标而不顾脚下道路的坎坷以及自身的缺点。柏拉图一直想找一个合适的机会让学生自己意识到他的这一缺点。一天，柏拉图看到他们前面的不远处有一个很大的土坑，这个土坑周围还有一些杂草，平常人们只要稍加注意就可以绕过这个土坑，但柏拉图知道他的学生在赶路时经常不注意脚下。于是，他指着远处的一个路标对学生说，"这就是我们今天行走的目标，我们两个人今天进行一次行走比赛如何？"学生欣然答应，然后他们就开始出发了。

学生正值青春年少，他步履轻盈，很快就走到了老师的前面，柏拉图则在后面不紧不慢地跟着。柏拉图看到，学生已经离那个土坑近在咫尺了，他提醒学生"注意脚下的路"，而学生却笑嘻嘻地说："老师，我想您应该提高您的速度了，您难道没看到我比您更接近那个目标了吗？"

他的话音刚落，柏拉图就听到了"啊！"的一声叫喊——学生已经掉进了土坑里，这个土坑虽然没有让人受重伤的危险，但是它却足以使掉下去的人无法独自上来。

学生现在只能在土坑里等着老师过来帮他了，柏拉图走过来了，他并没有急着去拉学生，而是意味深长地说："你现在还能看到前面的路标吗？根据你的判断，你说现在我们谁能更快地到达目的地呢？"

聪明的学生已经完全领会了老师的意思，他满脸羞愧地说："我只顾着远处的目标，却没走好脚下的每一步路，看来还是不如老师呀！"

是啊，如果一个人总是眼睛盯着高处，却不愿做好身边的事情，从低起步、没有本钱的你如何抢占先机，与同事、同行相比，如何能挤过那条地位提升的独木桥？只有走好脚下每步路，你才能基础扎实，才不会被同事比下去，才能在激烈的竞争中"杀出一条血路来"。

一个人拥有智慧的头脑是值得骄傲的，但是聪明并不代表着一切，聪明是天赋，是先天的优势，但是成功却等于1%的天赋加上99%的汗水。倘若你比他人有天赋，那也并不代表着成功，如果仅仅想要依靠聪明天赋来成就一番事业，而不愿意脚踏实地、勤奋努力地做事，那即使有再高的天赋也是无用的，因为成功还必须有付出和努力。

第九章　积极主动完成任务助你从低处脱颖而出

> 如果你不是天才，不妨，多干一点，多辛苦一点，厚积薄发，这样受到重视的机会更多一点，即使你是天才，这样做也会让你更迅速地达成目标。虽然这个过程会劳累痛苦，但一定更加灿烂辉煌！困难终会克服，努力终有报酬，尽职尽责，积极主动完成任务，这样的人怎么可能不尽快地从人数最多的金字塔底层脱颖而出呢？

做事力求尽善尽美

社会结构是一个金字塔，高处的人少，底层的人多，如何从低点脱颖而出？做任何事情，一定要十分清楚敏捷，力求尽善尽美，老板上司们看着你无可挑剔的成绩才会注意到你，也会觉得你是个值得培养的人，这样他们才会提拔你，你也才能尽快地走出低点，登上人生高点。

在宾夕法尼亚的山村里，曾有一位出身卑微的马夫，他后来竟成为美国一位著名的企业家，他那惊人的魄力、独到的思想，为世人所钦佩。他就是查理·斯瓦布先生。

他的成功秘诀在于：他每得到一个位置时，从不把月薪的多少放在心里，他最注意的是把新的位置和过去的比较一番，看看是否有更大的前途。

当他还在钢铁大王卡耐基的厂中做工时，曾自言自语地说："总有一天我要做到本厂的经理，我一定要做出成绩来给老板看，使他自动来提升我。我不去计较薪水，尽管拼命工作，我要使我的工作价值，远超乎我的薪水之上。"他既然打定了主意，便抱着乐观的态度，欢欣愉快地努力工作。当时恐怕任何人也料不到他会有今日的成就！

斯瓦布先生小时候的生活环境非常贫苦，他只受过短时间的学校教育。从15岁起，就在宾夕法尼亚的一个山村里赶马车了。过了两年，他才谋得另外一个工作，每周只有2.5美元的报酬。可是他仍无时不在留心寻找机会，果然，不久又来了一个机会，他应某工程公司的招聘，去建筑卡耐基钢铁公司的一个工厂，日薪1美元。做了没多久，他就升任技师，接着升任总工程师。到了25岁时，他就当上了那家房屋建筑公司的经理。又过了5年，他便兼任起卡耐基钢铁公司的总经理。到了39岁，他一跃升为全美钢铁公司的总经理。现在他是伯利恒钢铁公司的总经理了。

斯瓦布每次获得一个位置时，总以同事中最优秀者作为目标。他从未像一般人那样脱离现实，想入非非。

斯瓦布深知一个人只要有决心，肯努力，不畏艰难，他一定可以成为成功的人。他的一生就像是一篇情节曲折的童话，我们从他一生的成功史中，可以看出努力追求完美的伟大价值。他做任何事情总是十分乐观和愉快，同时要求自己做得精益求精。他做事总是按部就班，从不妄想一步成功，他的升迁都是势所必然的。

一般的老板，对于他们员工的品格，多半知道得很详细，他明白哪几个人是专门在寻找偷懒的机会，哪几个人只是在他面前干得起劲，一等他走开之后就丢开不做了。一个最让老板信任的部属，无论有没有偷懒的机会或老板在不在面前，他总是能认真地工作，毫不怠惰、忠于职守。

你做任何事，万万不可想："我只要照着上司的吩咐和方法去做就行了。"你必须在那件事上竭力发挥你的才智、见解、独创力，如此才容易脱颖而出。

只要你仔细留心，就可以发现许多不必等人吩咐就应去做的事。对于这些事，如果你一直存在着"老板不在这里，省省力气"的心思，你的前途就再也不会有什么希望了。因为每一个老板对于员工在背后努力与否，都是非常重视的。

做事不认真，处处投机取巧；随时担心自己所耗费的精力和时间已经超过薪水的报酬；因为没有额外的津贴，便不肯多动动手；不肯多提出一些改进的意见；对于同事冷淡、鄙视，常常劝他们不要白替老板效劳——这种青年，任凭他的学识怎么丰富，本领怎么大，也不会有出头的一日。要想过上美满愉快的生活，必须做事精益求精，力求完善。

有许多人往往不肯把事情做得尽善尽美，只用"足够了"、"差不多了"来搪塞了事。结果因为他们没有把根基打牢，所以不多时，就会像一所不稳定的房屋一样倒塌了。成功的最好方法，就是把任何事都做得精益求精，尽善尽美。

做事精益求精，不但可以使你的精神愉快，并且可以使你的才能迅速提高，学识日渐充实，而逐步可以胜任其他更重要的工作。所以奉劝初入社会、渴望成功的青年们都要熟记四个字："尽善尽美"。它是你一生成功的最大关键。

司特莱底·瓦留斯先生是一位著名的小提琴制造家，他制成一把小提琴，往往要经过不少岁月。但是你可不要以为他太痴了，他所制造的成品现在已成稀世珍宝，每件价值万金。可知世上任何宝贵的东西，都是曾经有人为之付出全部精力的。

做事尽善尽美，不但能够使你迅速进步，并且还将大大地影响你的性格、品行和自尊心。任何人如果要瞧得起自己，就非得秉持这种精神去做事不可。

随便走到何处，一位工作完美无缺的人，总是受人欢迎的。所以你应该早些打定主意：非把任何事情处理得至善至美不可。对于任何事，你都要倾注全部精力去做。

不要管别人做得怎么样，事情一到了你的手里，就非将它做得完美无缺不可。如果你能秉着这种态度去做事，那么你一定会是个成功的人。

实现个人价值的最佳体现

事业能否做大，根本不在于从事什么行业，而是取决于自己对所做的事有没有一股做到最好的心气儿。要获得一流的成果，就应有一流的精神：就算做一个最底层洗厕所的人，也要做一个洗厕所最出色的人——这样想问题才是立业的根本。

日本国民中广为传颂着一个动人的小故事：许多年前，一个妙龄少女来到东京帝国酒店当服务员。这是她涉世之初的第一份工作，也是她迈出人生之路的重要一步。

但意想不到的是，上司竟安排她洗厕所！洗厕所？说实话没人爱干，何况喜爱洁净的她干得了吗？洗厕所时在视觉上、嗅觉上以及体力上都会使她难以承受，心理暗示的作用更是使她忍受不了。当她用自己的手拿着抹布伸向马桶时，胃里立刻"造反"似的翻江倒海，恶心得几乎呕吐却又吐不出来，太难受了。而上司对她的工作质量要求特别高，高得骇人：必须把马桶冲洗得光洁如新！

她当然明白"光洁如新"的含义是什么，她当然更知道自己不适应洗厕所这一工作，真的难以实现"光洁如新"这一高标准的要求。因此，她陷入困惑、苦恼之中，是继续干下去，还是另谋职业？继续干下去——太难了！另谋职业——知难而退？她不甘心就这样败下阵来，她想起了自己初来时曾暗暗赌过的一口气：工作这一步一定要走好，马虎不得！

在这关键时刻，同部门的一位前辈及时地帮了她一把，更重要的是帮她认清了人生道路应该如何走。他没有用空洞理论说教，只是亲自做个样子给她看了一遍。

首先，他一遍遍地抹洗马桶，直到抹洗得光洁如新。然后，他从马桶里盛了一杯水，一饮而尽！竟然毫不勉强。实际行动胜过千言万语，他不用一言一语就告诉了少女一个极为朴素、简单的道理：光洁如"新"，新则不脏，是可以喝的。反过来讲，只有马桶中的水达到可以喝的洁净程度，才算是把马桶抹洗得"光洁如新"了。

他不用做别的表示、演说，这已经足够了，因为她早已激动得不能自持，从身体到灵魂都在震颤。她目瞪口呆，热泪盈眶，恍然大悟，如梦初醒！她痛下决心："就算一生洗厕所，也要做一名洗厕所最出色的人！"

她成为一个全新的、振奋的人；从此，她的工作质量达到了那位前辈的高水平。她也多次喝过厕所水，为了检验自己的自信心，为了证实自己的工作质量，也为了强化自己的敬业心；从此，她很漂亮地迈好了人生第一步；从此，她踏上了成功之路，开始了她的不断走向成功的人生历程。

几十年光阴一瞬而过，后来她成为日本政府的重要官员——邮政大臣，她的名字叫野田圣子。

每个岗位都会提供实现个人价值的机会，即使如洗厕所这样的低微岗位尚且能走出一个邮政大臣，我们又有什么理由能抱怨我们平凡的工作呢？难道还有比洗厕所这样的工作更低劣的起点吗？没有！所以我们不妨以野田圣子为榜样，坚持实行个人价值的最大体现，成功也会不期而至。

一次只做一件事

人们在生活中都有这样的体会：有的人爱好广泛，什么事都想去尝试，结果却是什么事都没做好，其实"多才多艺不如专精一门"，不如把心思放在一件事上专心地把它做好。

"一次只做一件事"，就意味着集中目标，不轻易被其他诱惑所动摇，经常改换目标，见异思迁或是四面出击，往往不会有好结果。我们的业务范围不会扩大，我们要做的工作只是精益求精，把产品做成精品。

他从小文科成绩都是红字连篇。他的读写速度很慢，英文课需要阅读经典名著时，只能从漫画版本下手。他常常说："我的脑袋里有想法，但是却没有办法将它写出来。"后来医生诊断他患有识字障碍。之后他进入美国名校斯坦福大学就读。他发现商业课程对他而言比较容易，于是选择经济为主修，在英文及法文仍然不及格的同时，全力投注于商学领域，获得 MBA 学位。毕业时，他向叔叔借了 10 万美元，开始自己的事业。1974 年，他于旧金山创立的公司，如今已名列世界五百强企业，拥有2.6万多名员工。

他就是施瓦布，嘉信理财的董事长兼CEO。现在，施瓦布的读写能力仍然不佳，当他阅读时必须念出来，有时候一本书要看六七次才能理解，写字时也必须以口述的方式，借助电脑软件完成。

一个先天学习能力不足的人，何以能成就一番事业？施瓦布的答案是：由于学习上的障碍，让他比别人更懂得专注和用功。

"我不会同时想着18个不同的点子，我只投注于某些领域，并且用心钻研。"他说。

这种做事认真的专注态度，也展现于嘉信27年的历史中。当其他金融服务公司将顾客锁定于富裕的投资者时，嘉信推出平价服务，专心耕耘大众市场，终于开花结果。之后随着科技的进步及顾客的成长，嘉信于每个时期都有专心投注的目标，许多阶段的努力成果，成为业界模仿的对象，在金融业立下一个个里程碑。

"一次只做一件事"，意味着一个人在某一段时间里只能把精力集中于一件事情，把一件事做到底，纵观失败的案例，大约有50%的情况是由于半途而废，未能坚持下去所致。

一个人的精力是有限的，把精力分散在好几件事情上，不是明智的选择，而是不切实际的考虑。在这里，我们提出"一件事原则"，即专心地做好一件事，就能有所收益，能突破人生困境。这样做的好处是不致于因为一下想做太多的事，反而一件事都做不好，结果两手空空。

想成大事者不能把精力同时集中于几件事上，只能关注其中之一。也就是说，人们不能因为从事分外工作而分散了自己的精力。

如果大多数人集中精力专注于一项工作，他们都能把这项工作做得很好。

在对100多位在其本行业获得杰出成就的男女人士的商业哲学观点

进行分析之后，有人发现了这个事实：他们每个人都具有专心致志和明确果断的优点。

最成功的商人都是能够迅速而果断作出决定的人，他们总是首先确定一个明确的目标，并集中精力，专心致志地朝这个目标努力。

伍尔沃斯的目标是要在全国各地设立一连串的"廉价连锁商店"，于是他把全部精力花在这件工作上，最后终于凭借完成这项目标成为了亿万富翁。

李斯特在听过一次演说后，内心充满了成为一名伟大律师的欲望，他把一切心力专注于这项目标，结果成为美国最有成就的律师之一。

伊斯特曼致力于生产柯达相机，这使他赚取了数不清的金钱，也给全球数百万人带来无比的乐趣。

可以看出，所有成大事的人物，都把某种明确而特殊的目标当做他们努力的主要推动力。专心就是把意识集中在某一个特定欲望上的行为，并要一直集中到找出实现这项欲望的方法，并将之付诸实际行动。

对于任何东西，你都可以得到，而且只要你的需求合乎理性，并且十分强烈，那么"专心"这种力量将会帮助你得到它。

假设你准备成为一个成大事的作家，或是一位杰出的演说家，或是一位成大事的商界主管，或是一位能力高超的金融家，那么你最好在每天就寝前及起床后，花上 10 分钟，把你的思想集中在这项愿望上，以决定应该如何进行，才有可能把它变成事实。

当你要专心致志地集中你的思想时，就应该把你的眼光望向一年、三年、五年甚至十年后，幻想你自己是这个时代最有力量的演说家；假设你有相当不错的收入；假想你利用演说的报酬购买了自己的房子；幻想你在银行里有一笔数目可观的存款，准备将来退休养老之用；想像自己是位极有影响的人物；假想你自己正从事一项永远不用害怕失去地位的工作……唯有专注于这些想像，才有可能付出努力，美梦成真。

一次只专心地做一件事，全身心地投入并积极地希望它成功，这样你的内心就不会感到精疲力尽。不要让你的思维转到别的事情、别的需要或别的想法上去。专心于你已经决定去做的那个重要项目，放弃其他无关紧要的事。

了解你在每次任务中所需担负的责任，了解你的极限。如果你把自己弄得精疲力尽和失去控制，那你就是在浪费你的时间、健康和快乐。选择最重要的事先做，把其他的事放在一边。做得少一点，做得好一点，才能在工作中得到更多的快乐。

主动且出色地去完成工作

一个老板不在就偷懒的人，一辈子只能是一个小员工；而一个老板不在身边也依然卖力工作的人，即使从事着最平凡的工作，最后也必能攀上成功的顶峰。一个人能否主动地去工作，往往决定了他的前途如何。

生活中，我们经常会发现，那些被认为一夜成名的人，其实在功成名就之前，早已默默无闻地努力了很长一段时间。成功其实是一种累积，不论从事何种行业，想攀上顶峰，通常都需要漫长时间的努力和精心的规划。

如果想登上成功之梯的最高阶，你得永远保持主动自觉、认真负责的精神，纵使面对缺乏挑战或毫无乐趣的工作，终能最后获得回报。当你养成这种主动自觉的习惯时，你就有可能成为老板和领导者。那些位高权重的人是因为他们以行动证明了自己勇于承担责任，值得信赖。

主动自觉地做事，同时为自己的所作所为承担责任。那些成就大业之人和凡事得过且过的人之间的最根本区别在于，成功者懂得对自己的行为负责。没有人能阻挠你达成自己的目标。

美国著名作家阿尔伯特·哈伯德在十几岁时和大学期间做过许多工作。他修理过自行车，挨家挨户卖过词典。有一年，他整整一个夏天都在为一个选美比赛收集那些订出去而未收上来的票，那是一些中年人在甜言蜜语的推销者的劝说下订下的，但是他们根本无意去观看。哈伯德还做过数学家庭教师、书店收银员、出纳和夏令营童子军顾问，为了读完大学，他还替别人打扫院子，整理房间和船舱。

这些工作大部分都很简单，哈伯德一度认为它们都是下贱而廉价的工作。后来，哈伯德知道自己错了。这些工作潜移默化地给予他珍贵的教诲和经验，无论在什么样的工作环境中，也不管哪种工作档次，他都学会了不少东西。

拿在商店的工作来说吧，哈伯德自认为自己是一个好雇员，做了自己应该做的事——记录顾客的购物款。然而有一天，当他正在和一个同事闲聊时，经理走了进来，他环顾四周，然后示意哈伯德跟着他。经理一句话也没有说就开始动手整理那些订出去的商品；然后他走到食品区，开始清理柜台，将购物车清空。

哈伯德惊讶地看着这一切，仿佛过了很久才醒悟过来。经理希望哈伯德和他一起做这些事！这让哈伯德明白自己是何等消极地对待自己的工作。此事使哈伯德受益匪浅。这不仅使他成为一名更优秀的雇员，还让哈伯德从每一项工作中得到了更多的教益。这个教益就是一个人要对自己的工作负责，在事业上要更上一层楼，不仅仅做别人安排做的事情。

一旦获得了这个教益，以前哈伯德认为低俗的工作开始变得有意思起来。他越是专注自己的工作，学到的东西和克服的困难也就越多。后来哈伯德离开那家商店去上大学，但是这种经验对他的人生和事业的影响是深远的。他从一个旁观者变成为一个认真负责的人。

每一位雇员在每一项工作中都要倾听和相信这一点，你可以使自己的生活好起来，就从今天开始，就从现在的工作开始，而不必等到遥远的未来的某一天你找到理想的工作再去行动。

所谓的主动，指的是随时准备把握机会，展现超乎他人要求的工作表现，以及拥有"为了完成任务，必要时不惜打破成规"的智慧和判断力。一个优秀的管理者应该努力培养员工的主动性，培养员工的自尊心。自尊心的高低往往影响工作时的表现。那些自尊心低的员工，凡事只求遵守公司规则，老板没让做的事，绝不会插手；而往往墨守成规自尊心强的员工，则勇于负责，有独立思考能力，必要时会发挥创意，以完成任务。

主动自觉地去工作，勇于承担更多的责任，你就永远也不必担心失掉工作。如果你能表现出胜任某种工作的素质，那么报酬和晋升也就会随之而来了。

多做一点就能在竞争中胜出

在实际工作中，全心全意地做好本职工作是不够的，要在竞争中脱颖而出，要快速地提升自我，要在分内工作之外，每天再多做一点事。

你没有义务要做自己职责范围以外的事，但是你也可以选择自愿去做，以驱策自己快速前进。主动是一种极珍贵、备受看重的素养，它能使人变得更加敏捷，更加积极。无论你是管理者，还是普通职员，"每天多做一点"的工作态度能使你从竞争中脱颖而出。你的老板、委托人和顾客会关注你、信赖你，从而给你更多的机会。

每天多做一点工作也许会占用你的时间，但是，你的行为会使你赢得良好的声誉，并增加他人对你的需要。

有几十种甚至更多的理由可以解释，你为什么应该养成"每天多做一点"的好习惯——尽管事实上很少有人这样做。其中两个原因是最主要的：

首先，在建立了"每天多做一点"的好习惯之后，与四周那些尚未养成这种习惯的人相比，你已经具有了优势。这种习惯使你无论从事什么行业，都会有更多的人指名道姓地要求你提供服务。

其次，每天多做一点，还会锻炼你的能力，就像如果你希望将自己的左臂变得更强壮，唯一的途径就是利用它来做大量的工作。相反，如果长期不使用你的左臂，让它养尊处优，其结果就是使它变得更虚弱甚至萎缩。

身处困境而拼搏，能够产生巨大的力量，这是人生永恒不变的法则。如果你能把分内的工作多做一点，那么，不仅能彰显自己勤奋的美德，而且能发展一种超凡的技巧与能力，使自己具有更强大的生存力量，从而摆脱困境。

社会在发展，公司在成长，个人的职责范围也随之扩大。不要总是以"这不是我分内的工作"为由来逃避责任。当额外的工作分配到你头上时，不妨视之为一种机遇。

提前上班，别以为没人注意到，老板可是睁大眼睛在瞧着呢？如果能提早一点到公司，就说明你十分重视这份工作。每天提前一点到达，可以对一天的工作做个规划，当别人还在考虑当天该做什么时，你已经走在别人前面了！

想成为一名成功人士，必须树立终身学习的观念。既要学习专业知识，也要不断拓宽自己的知识面，一些看似无关的知识往往会对未来起巨大作用。而"每天多做一点"则能够给你提供这样的学习机会。

如果不是你的工作，而你做了，这就是机会。有人曾经研究为什么当机会来临时我们无法确认，因为机会总是乔装成"问题"的样子。每天多做一点，初衷也许并非为了获得报酬，但往往获得的更多。

对詹姆斯·波帕尔一生影响深远的一次职务提升是由一件小事情引起的。一个星期六的下午，一位律师走进来问他，哪儿能找到一位速记员来帮忙——手头有些工作必须当天完成。

詹姆斯·波帕尔告诉他，公司所有速记员都去观看球赛了，如果晚来5分钟，自己也会走。但詹姆斯·波帕尔同时表示自己愿意留下来帮助他，因为"球赛随时都可以看，但是工作必须在当天完成"。

做完工作后，律师问詹姆斯·波帕尔应该付他多少钱。詹姆斯·波帕尔开玩笑地回答："哦，既然是你的工作，大约800美元吧。如果是别人的工作，我是不会收取任何费用的。"

律师笑了笑，向詹姆斯·波帕尔表示谢意。詹姆斯·波帕尔的回答不过是一个玩笑，并没有真正想得到800美元。但出乎詹姆斯·波帕尔意料，那位律师竟然真的这样做了。6个月之后，在詹姆斯·波帕尔已将此事忘到了九霄云外时，律师却找到了詹姆斯·波帕尔，交给他800美元，并且邀请詹姆斯·波帕尔到自己公司工作，薪水比现在高出800多美元。

一个周六的下午，詹姆斯·波帕尔放弃了自己喜欢的球赛，多做了一点事情，最初的动机不过是出于乐于助人的愿望，而不是金钱上的考虑。詹姆斯·波帕尔并没有责任放弃自己的休息去帮助他人，但那是他的一种特权，一种有益的特权，它不仅为自己增加了 800 美元的现金收入，而且为自己带来一项比以前更重要、收入更高的职务。

因此，我们不应该抱有"我必须为老板做什么"的想法，而应该多想想"我能为老板做些什么"。一般人认为，忠实可靠、尽职尽责完成分内的任务就可以了，但这还远远不够，尤其是对于那些刚刚踏入社会的年轻人来说更是如此。要想取得成功，必须做得更多更好。一开始我们也许从事秘书、会计和出纳之类的事务性工作，难道我们要在这样的职位上做一辈子吗？成功者除了做好本职工作以外，还需要做一些不同寻常的事情来培养自己的能力，引起人们的关注。

如果你是一名物流公司管理员，也许可以在发货清单上发现一个与自己的职责无关的未被发现的错误；如果你是一名邮递员，除了保证信件能及时准确到达，也许可以做一些超出职责范围的事情……这些工作也许是专业技术人员的职责，但是如果你做了，就等于播下了成功的种子。

付出多少，得到多少，这是一个众所周知的因果法则。也许你的投入无法立刻得到相应的回报，但不要气馁，应该一如既往地多付出一点，回报也许就会在不经意间，以出人意料的方式出现。

做一点分外工作其实也是一个学习的机会，多学会一种工作，多熟悉一种业务，对你是有利无害的。同时这样做又能引起老板对你的关注，你又何乐而不为呢？

举手之劳却有大收获

俗话说："润物细无声。"需要企业员工举手之劳的地方，并不一定是企业生死攸关的大事，反而却是那些看似并无大碍的小事儿。如果员工没有举手之劳的精神，注定企业迟早会被这些大家能做而未做的小事所拖累。

经常可以见到一些这样的员工：一群人围坐在一起聊天，公司的电话铃声此起彼伏，可就是没有人去理会。问之，则曰："还没到上班时间不处理业务。"或回答："肯定是找某某的，反正不是找我的，接了还要费事儿！"其实当时离上班时间仅差几分钟了，这些员工只顾闲聊或者索性看杂志。若是赶上下班的时间，就更没人理会电话铃了！生怕接了会是一块"烫手的山芋"——大部分会是老板打来的，不是加班就是帮忙之类的额外任务。要不就是某位先生的太太，要求帮忙招呼一下某某……这些问题本来就是一些举手之劳的小事，但却能反映员工们的素质。

完成举手之劳的事情体现在员工是否对公司和企业有责任心，而员工的责任心又是企业的防火墙。许多企业巨人轰然崩塌，与员工的这点儿敬业精神的缺失有很大的关系。假如一个企业里的大部分员工，都没有这种敬业精神和责任心，那么这个企业肯定会举步维艰，还会时不时的因为一些员工的疏忽出现一些"经济危机"，员工们的这种习惯给公司造成的损失和影响是很大的。

一滴水可以折射出整个太阳的光辉，一件小事可以看出一个人的内心世界。一个员工如果没有完成举手之劳的精神，那么他对待自己的工作就没有应有的责任心和敬业精神，是一名不合格的员工。

一家很知名的企业招聘管理人员，来了不少应聘者。这些应聘者看起来都比较优秀。可是不论名牌大学毕业的大学生，还是在职场上打拼了多年的"老油条"，都是满怀信心地进入面试室，却以垂头丧气和面带失望的神情而归。

当所有的应聘者都面试完了以后，主考官看看公司接待大厅里还有好多面试完的应聘者聚集着不愿离去，他们都想弄明白没有被聘上的具体原因。

主考官看着这么多双渴望的眼睛，给大家做了细致的解释："今天我们确实是想招聘一些合格的员工，事实上，你们每个人面试时回答的问题都是一样的——'谈谈你对举手之劳的看法？'，所有的应聘者说得都很不错，也有不少人提出很多实实在在的建议，可是你们有没有注意到在刚进公司接待室的时候，门口躺着的一把拖布？你们看看它是不是还安然地躺在地上，只是位置稍微动了一下！可能是某位同志嫌它碍事踢了踢吧，到现在依然没有哪位应聘者能自觉地把它放到合适的位置。这注定了你们每位应聘者刚刚踏入接待室的时候，就已经被公司拒之门外了。就算你把'举手之劳'这个话题说得天花乱坠，不动手实施永远都不能说明你们拥有'举手之劳'的工作习惯！"

这个招聘事例说明现在已经有很多公司开始注意这点了：员工的举手之劳会对公司造成很大的影响。所以他们在招聘员工的时候，才会设计这么一个"局"让招聘者自己往里钻。一是看看他们的观察力，最重要的是看看他们能不能自觉地做这些不起眼的小事。

员工的举手之劳所体现出来的责任感，到底能不能给企业带来真正意义上的利益呢？看看下面的故事就会明白了：

小林是千千万万个城市打工仔中的一员，他没有太高的学历，仅仅

下篇 低点起步——走得稳，方能行得远

201

是初中毕业，农村出身的小林却有着一身的好品质。

　　现在做到部门经理的小林已经今非昔比了，他回忆起当年被老板提升的原因时，还是感慨万千地说："其实我只是做了一些举手之劳的事情，没想到就被老板提升了，当时真是有点偶然。那还是刚来城市第二年的一个夏天，由于自己学历低，只能在工地上做些卖力气的活儿。当时正是在现在这个老板手下的建筑队上干活，住在建筑队的集体宿舍里，集体宿舍离建筑工地也就一百多米的距离。突然有一天下起了大暴雨，我想到在工地上有一大批新近才运来的水泥还摆着呢！保管员是一个上了年纪的老人，我想他现在肯定是忙着抢救那批水泥和别的没来得及盖上的东西呢！二话没说我就朝工地奔去，果不其然那个老人很吃力地拽着一块大塑料布缓慢地移动着。毕竟保管员上了年纪而且那天的雨还很大，老人一个人看来有些吃不消。我赶紧抢上去和他一起忙活，老人也顾不上谢我。正当我们把水泥全盖上，一切不能泡水的建筑原料也收起来的时候，老板开着车赶到了。看着我和老人浑身都湿淋淋的，而那些建筑材料却没有造成什么损失很高兴。当时老板还以为我是老人的亲人来帮他的忙呢！问了老人才知道我就是这个建筑工地的工人，而且还是主动来帮忙的。老板对我夸奖了一番还问了我的姓名，然后就离去了。没想到第二天工地负责人就找到了我，让我换件衣服跟着他去见老板。后来老板就不再让我做卖力气的活了，将我升任为公司的质量监督。老板还说我这样的工人他用着放心。然后我就一步步做到了现在这个职位。"

　　小林的升迁是个偶然也是必然，假如员工在对待公司的举手之劳的事情上顺便做上一做的话，公司就会因此减少很多的麻烦和隐患，还会给别人带来很大的方便。任何一个老板也会像任用小林一样，放心大胆地用这样的员工的！

乐于接受额外的任务

现代社会中的每个人几乎都碰到这样的问题：你手头上还有工作，甚至还非常忙碌的时候，你的上司会突然给你安排一些额外的工作，而这些工作根本不属于你负责的范畴，或者你的同事因为某种原因想让你替他分担一些工作，这个时候你该怎么办呢？

也许你开始还心存一丝侥幸：上司安排你额外的工作，可能会发给你一笔数目可观的加班费，甚至为你加薪；至于同事呢，则会给你一些物质上的回报。结果情况是，谁都没有任何表示，这件事跟报酬没有关系，仿佛就是你份内之事。你该说"Yes"，还是"No"呢？

在工作中，全心全意、尽职尽责是不够的，还应该比正常距离多走一英寸，自己份外的工作多做一点，比别人期待的再多做一点，这样可以吸引更多的注意，会给自己的提升创造更多的机会。

强尼先生最初为兰特先生工作时，职务很低，现在已成为兰特先生的左膀右臂，担任其下属一家公司的总裁。强尼先生之所以能如此快速升迁，秘密就在于"乐于接受额外任务"。

有人曾经拜访强尼先生，并且询问其成功的诀窍。他平静而简短地道出了个中原由："在为兰特先生工作之初，我就注意到，每天下班后，所有的人都回家了，但兰特先生仍然会留在办公室里继续工作到很晚。因此，我决定下班后也留在办公室里。是的，的确没有人要求我这样做，但我认为自己应该留下来，在需要时为兰特先生提供一些帮助。"

"工作时兰特先生经常找文件、打印材料，最初这些工作都是他自己亲自来做。很快，他就发现我随时在等待他的召唤，并且逐渐养成招呼我的习惯……"

兰特先生为什么会养成召唤强尼先生的习惯呢？因为强尼自动留在办公室，使兰特先生随时可以看到他，并且诚心诚意为他服务。这样做获得了报酬吗？没有。但是，他获得了更多的机会，使自己赢得老板的关注，最终获得了提升。

一般人认为，忠实可靠、尽职尽责完成分配的任务就可以了，但这对于积极进取的人来说还远远不够。尤其是对于那些想在工作中取得成功的人，必须做得更多、更好。

事实上，对你来讲，多做一点并不是什么难事，既然我们已经付出了99%的努力，已经完成了绝大部分的工作，再多增加"一点额外之事"又何妨呢？在实际的工作生活中，我们往往缺少的就是"乐于接受额外任务"所需要的那一点点责任，一点点决心，一点点敬业的态度和自动自发的精神。

在日常工作中，有很多工作环节都是需要我们增加那"额外一点"的。大到对工作、公司的态度，小到你正在完成的工作，甚至是接听一个电话、整理一份报表，只要能"多做一点"，你将会有数倍的回报，这是毋庸质疑的。而且，一个从低点起步的人，手上的事情其实并不多，你正好用自己的闲暇时间来接受这些额外任务，既充分利用了时间，又多学了不少东西，还能给上级留下好印象，何乐而不为呢？

工作中要有"罗文精神"

"把信送给加西亚"是一个大家耳熟的故事，它讲述了一个叫罗文的人奉命执行给反抗军首领加西亚送信的故事。他的敬业守则使一场战争的结局因此而改变，这种敬业精神确实令人敬佩不已。

对于现在大多数的公司而言，能把信带给加西亚的人，就显得弥足珍贵了。

有一个人整天向朋友抱怨说他的公司待遇很差，薪水不高，上司也不重视自己，根本没有如意之处，英雄毫无用武之地。一位朋友给他提了个建议，让他把自己摆在来这家公司实习的位置上，踏踏实实地从头做起，学习掌握基本的技能，等学到了过硬的本领后，再带着自己的一身过硬本领跳槽走人。他觉得有道理，就采纳了朋友的建议，不再抱怨，而是认真对待每一项工作，这时他才发现实际上要学的东西还有很多，从此，他彻底改变了自己浮躁的态度，从一点一滴的小事学起，人也勤奋了起来，很快得到了上司的重视，升迁的机会也随之而来，整个人的精神面貌也变了。

从这个故事中我们不难看出，在许多情况下，我们的失败并不是客观原因造成的，而是主观态度不够积极所致。我们应该更多地审视自我，查找自身的原因，剔除那些诸如散漫、懒惰、不求上进等主观缺点，不断地完善自我，那样的话，每个人都能得到自己想要得到的。成功人士之所以成功，就是因为他把别人用来抱怨的时间都用在了工作上。

《致加西亚的信》这本书所介绍的罗文中尉，是尽责与敬业精神的象征，在为罗文中尉的守则、敬业精神所深深震撼的同时，我们也不妨试想："如果送信的那个人是我，我是不是也能像罗文那样出色地完成任务？"扪心自问，答案可能让人羞愧，并非说我们一定无法完成上司交给我们的任务，而是大多数人会怀疑在重重艰难险阻面前是否能始终保持完成任务的信心和不退缩、不抱怨的精神状态。与罗文中尉相比，我们大多数人的精神上所缺乏的，正是这种坚定的毅力和必胜的信心，正是坚持到底的敬业精神。也许我们会抱怨现实生活中没有能够充分信任自己的上司，没有机会让自己去成就一番大业，但试想一下，如果你连一件小事都不能够出色地完成，而且抱怨不断，那么还有谁敢把艰巨的任务交给你？

作为企业的一名员工，努力提高公司的效益和市场的竞争力，或是努力改变公司目前面临的困境，应是其理想和追求。也许是由于其他的原因，我们还没有做到罗文那样的守则和敬业，但为了一个共同的目标，让我们携起手来，以守则敬业作为我们的工作态度，忠于职守，恪守承诺，用我们的信心、意志和力量，推动企业的共同发展。

"把信送给加西亚"，需要有一种积极的态度，这个积极的态度会决定下一步的一切行动。德国一知名企业宣扬自己的工作理念是，"企业的每个员工不是螺丝钉而是发动机"。当然，发动机固然可以促进企业加大马力发展，但不合格的螺丝钉同样会影响到整个机器的运转，如果实在做不了强大的发动机，那就安心做好一颗螺丝钉吧。努力做实事，尽心尽力，是一颗称职的螺丝钉应有的本分。好高骛远，眼高手低，是不可能"把信带给加西亚"的。

"把信送给加西亚"，需要有主动的行动。行动本身就有可能遇到麻烦甚至危险。积极的行动就是要主动解决这些问题和麻烦，而不是被动地等待，消极地推诿。一家企业的老板炒掉了他们企业中唯一的一名博士，他问自己被炒的原因，老板说："你找到的只是一份工作，而不是一项事业。"

"把信送给加西亚",还要有极强的责任心。没有哪个人会说自己没有责任心,但缺乏责任心的现象几乎无处不在,有些人整日抱怨,有些人投机取巧,有些人划地自封,有些人会找各种借口为自己开脱,这些都无法掩盖责任心的缺乏……

如此看来,"把信送给加西亚"的精神是一个尽心尽力做好本职工作的人应当具备的素质,并不是高不可攀的要求。但为什么现在的一些企业中,不缺各类专业人才,也不乏各行各业的精英,却惟独缺乏"能把信送给加西亚"的人?是制度的某种缺陷,还是个体的差异?似乎都不能完全解释。但是,那些不能"把信送给加西亚"的人一定是价值观存在问题,是对生活的态度出了偏差。我们崇尚的是"认真对待生活的人,生活一定会认真对待你",听起来似乎与企业经营相差较远,但做事与做人是一致的,对生活不是积极面对,而是采取敷衍态度的人是不可能"把信送给加西亚"的。

"罗文精神"是每一名员工都不可缺少的,当你一直身处低点而得不到升迁,当你看着身边的同事、朋友一个个开始受到领导器重,当你觉得自己的待遇太低时,你最好是检讨一下自己的工作态度,看看自己是不是有这种"把信送给加西亚"的精神,也许它就是你滞留低点的原因。请记住,只有敬业才能收获成功。

守则敬业是成功的基本条件

每个人都希望在职业生涯中取得成功,而要做到这一点,你就必须具有忠于职守、尽职尽责、一丝不苟、善始善终等职业道德。

任何一家想竞争取胜的公司都必须设法使每个员工对工作负责。没有负责精神的员工就无法给顾客提供高质量的服务，就难以生产出高质量的产品。推而广之，一个国家如果想立于世界之林，也必须使其人民有高度责任感；警察应该尽职尽责为民众服务；行政官员应该勤奋思考并制订和执行政策；议员代表应该勤于问政……一个从低点起步的人，就必须付出比别人更多的努力，守则敬业，责无旁贷。

　　然而，无论我们从事什么行业，无论到什么地方，总是能发现许多投机取巧、逃避责任、寻找借口的人，他们不仅缺乏一种神圣的使命感，而且缺乏对人生意义的理解。

　　对工作高度负责的态度，表面上看起来是有益于公司，有益于老板，但最终的受益者却是自己。

　　当我们将负责变成一种习惯时，就能从中学到更多的知识，积累更多的经验，就能在全身心投入工作的过程中找到快乐。这种习惯或许不会有立竿见影的效果，但可以肯定的是，当"不负责"成为一种习惯时，其结果可想而知。工作上投机取巧也许只给你的老板带来一点点的经济损失，但是却可以毁掉你的一生。

　　一个年轻人颇有才华，但缺乏负责精神。一次报社急着要发稿，他却搂着稿件回家睡大觉去了，影响整个报纸的出报时间。这种人永远得不到尊重和提升。人们往往会尊敬那些能力中等但尽职尽责的人，而不会尊敬一个能力一等，但不负责任的人。

　　受人尊重是每个人的内心需要。不论你的工资有多少，不论你的老板是否器重你，忠于职守且毫不吝惜地投入自己的精力和热情，足可以让自己安心让别人尊重。以主人和胜利者的心态去对待工作，工作自然而然就能做得更好。

　　一个对工作不负责任的人，往往是一个缺乏自信的人，散漫怠惰的人，也是一个无法体会快乐真谛的人。要知道，当你将责任推给他人时，实际上也是将自己的快乐和信心转移给了他人。

有人问一位成功学家："你觉得大学教育对于年轻人的将来是必要的吗？"

这位成功学家的回答发人深省："单单对经商而言不是必须的。商业更需要的是高度负责精神。事实上，对于许多年轻人来说，大学教育意味着在他们应当培养全力以赴的工作精神时，被父母送进了校园。进了大学就意味着开始了他一生中最惬意最快活的时光。当他走出校园时，年轻人正值生命的黄金时期，但此时此刻他们往往很难将自己的身心集中到工作上，结果眼睁睁地看着成功机会从身边溜走，真是很可惜啊。"

也许对于一个对工作还不是太熟悉的人而言，高度负责仍然不能将工作做到位，但坚持下去就不会再有任何困难。如果没有这种高度负责精神，那么，困难就永远都会是困难。工作不怕你不会做，而怕你不负责地去做。

人生价值就在于对平凡工作的尽职尽责当中

工作收入虽然有高低之分，但任何正当合法的工作都是值得尊敬的。因此千万不要看不起自己的工作，只要你诚实、用心地工作，就没有人能贬低你的价值。

认真负责地工作，全身心地投入其中，这才是成功人生的真实写照。工作松松垮垮的人，不论在什么领域内，都不会取得真正的成功。如果把工作仅仅当做赚钱的工具，这种看法也是让人蔑视的。人被赶出伊甸园，这看似灾难，实际上是件无比幸运的事，这就使得人类只有通过自己的辛勤劳动，才能去换取生存所需的面包。上帝向我们揭示了这样一个真理：只有经历艰难困苦，才能取得世界上最大的幸福，才能取得最大的成就；只有经历过奋斗，才能取得成功。懂得这一点具有重大的意义。"我们正因为缺少某种东西，才有追求它的强大动力。"

蒙格尔说："只有具备明确而坚定的目标，才能走向成功。只有具备这样的目标，才能锻造人的品格，提高人的修养；只有具备坚定的立场，才能取得成就。"

如果一小块画布上画着《蒙娜丽莎》这样一幅名作，它就会成为无价之宝，但如果是别的艺术家的作品却只值1美元，其中的原因何在？这是因为达·芬奇在画布上投入了当时全部的心力和劳动，而别的画家却只投入了1美元的劳动。

铁匠将价值2美元的铁块加工成马蹄铁，结果得到价值10美元的产品。刀剪匠将同样多的铁块制成刀具，得到200美元。机械工人将同样分量的铁块制成针，得到6800美元。钟表匠将它制成钟表的主发条，得到20万美元。而将它制成牙医用的细丝，可以得到200万美元，其价值是同样重量黄金价值的60倍。

就我们的人生而言，情况也是一样的。我们天生就具有某种潜能，我们总得利用它来做些什么。如果懒懒散散，只会给我们带来巨大的不幸。有些年轻人用它来创造美好的事物，为社会作出了贡献。另外有些人没有生活目标，缩手缩脚，浪费了天生的资质。到了晚年，才意识到自己的错误。本来可以创造辉煌的人生，结果却失之交臂，这不能说不是巨大的遗憾和错误。一个农夫，他有可能成为辛辛纳图斯之类的人物，也可能成为华盛顿之类的人物，也可能终日面对黄土背朝天，一直到老。

在卢浮宫里收藏着莫奈的一幅画,画的是女修道院厨房内的情景。画面上正在工作的不是普通的人,而是天使。一个正在架水壶烧水,一个正优雅地提起水桶,另外一个穿着厨衣,伸手去拿盘子。即使是日常生活中最平凡的事,也值得天使们全神贯注地去做。行为本身并不能说明自身的性质,而是取决于我们行动时的精神状态。如果一种工作看起来显得单调乏味,那不过是我们在做它的时候心境如此罢了。

如果你是砖石工或泥瓦匠,你可曾在砖块和砂浆之中看出诗意?如果你是图书管理员,经过辛勤劳动,在整理好的书卷的缝隙,你是否感觉到自己已经取得了一些进步?如果你是学校的老师,是否会对你的每一个学生都富有耐心?平凡的岗位因为尽职尽责而不再无所谓,这就是同样在低点起步,有的人反而能够跑到他人前面的原因。你在工作中所抱的态度,使你的工作与周围人的工作区别开来,使你与众不同。

正确地看待你的工作,做到尽职尽责。也只有一丝不苟,认真负责地对待工作,你才能实现你的个人价值,获得荣耀和肯定。

第十章　姿态放低，拥有好人缘

> 从低处做起，就要懂得放低自己。为人趾高气扬，飞扬跋扈，肯定会遭到他人的厌恶，也没有人愿意和这样的交朋友。做人不可高调，触犯了这条法则，无异于惹火上身，种下祸根。只有低调处世，才能站稳脚跟，进而成就自己的一番大业。看那些成功的人，往往不会恃才自傲，反而表现得平易谦逊，懂得低调处事的重要性，这才是真正的大智慧。

想走到高处，先学会低头

低姿态做人不仅是一种美德，更是一种人生的智慧。你可能也会有这样一种体会：越是能够把自己的位置摆得比别人低的人，你越是喜欢找出他的优点；越是把自己看得了不起，孤傲自大的人，你越会瞧不起他，喜欢找出他的缺点。这就是低姿态做人的好处。所以，平时你要谦逊地对待别人，这样才能博得他的支持，为你的事业奠定基础。当你以低姿态来表达自己的观点或做事时，就能减少一些冲突，还容易被他人接受。即使你发现自己有错时，也很少会出现难堪的局面。

想要在事业上一展才华的人，要记得时机没有成熟之前，千万别锋芒太露。仔细看看周围的年长同事，他们常与你完全相反。"和光同尘"毫无棱角，言语若此，行动亦然，好像个个都是庸才，谁知他们的才，颇有高于你者；好像个个都很讷言，谁知其中颇有善辩者；好像个个都无大志，谁知是颇有雄才大略而暂时雌伏者。

但是他们却不肯在言语上露锋芒，在行动上露锋芒，这是什么道理？因为他们有所顾忌，言语带锋，便要得罪人，被得罪了的人便成为将来上升的阻力，成为未来成功的破坏者；行动带锋，便要惹旁人的妒忌，旁人妒忌也会成为阻力。你的四周，都是你的阻力或你的破坏者，在这种情形下，你的立足点都没有了，哪里还能实现你扬名立身的目的？

柯金斯在担任福特汽车公司经理时，有一天晚上，公司因有十分紧急的事，要发通告信给所有的营业处，所以需要全体职工协助。当柯金斯安排一个做书记员的下属去帮助套信封时，那个年轻职员傲慢地说："那有碍我的身份，我不干，我到公司里来不是做套信封工作的。"

听了这话，柯金斯一下就愤怒了，但他平静地说："既然做这件事是对你的侮辱，那就请你另谋高就吧！"于是那个青年一怒之下就离开了福特公司。但因为他仍听不进别人的话，所以他跑了很多地方，换了好几份工作都觉得很不满意。他终于知道了自己的过错，于是又找到柯金斯，诚挚地说："我在外面经历了许多事情，经历得越多，越觉得我那天的行为错了。因此，我想回到这里工作，您还肯任用我吗？""当然可以，"柯金斯说，"因为你现在已经能听取别人的建议了。"

进入福特公司后，那个青年变成了一个很谦逊的人，不再因取得成绩而骄傲自满，并且经常虚心地向别人请教问题。这样放低自己的态度最终扳回了以前他人对他的成见，也让上司对他重用起来。

越是有涵养、稳重的成功人士，态度越谦和。只有那些浅薄地自以为有所成就的人才会骄傲。美国石油大王洛克菲勒就说："当我从事的

213

石油事业蒸蒸日上时,我晚上睡前总会拍拍自己的额角说:'如今你的成就还是微乎其微!以后路途仍多险阻,若稍一失足,就会前功尽弃,勿让自满的意念侵吞你的脑袋,当心!当心!'"这就是告诫人们要低姿态做人,尤其是稍有成就时应格外小心,不要忘了本来面目。

低调为高标的起点

你可以在心中给自己一个较高的定位,但在具体地为人处事时,如果你降低姿态,你就会发现人性中那一面面光辉的心灵之镜都愿意照亮你前行的路。你可以有自己的高标追求、高标处世之风,但低调做人,不彰显自己的优势才可能像一棵树一样,用根系从更低更深处吸取养料,让树茎和树冠向更高、更辉煌的地方延伸。如果你只顾让自己人性的树冠长得蓬蓬勃勃,枝繁叶茂,而忘记了那些可以供给你养料的大地,你的根系就会萎缩,只要有风吹浪打,你这棵树定会摇摇欲坠,无法立足。所以,低调做人是高标生存的起点。

"卧薪尝胆"的故事也许人们早已烂熟于心,其实,这何尝不是一个低调做人的典范,不是一个重新确立自己的处世姿态并从低基点起步的案例。在夫差面前勾践如若不低调,恐怕早已成为刀下之鬼。那时的勾践用低调保全了自己的性命。回到越国之后,如果他忘记了低调,怎么能让自己的国家再次休养生息,日益强大,最终可以与吴王对垒?勾践的再次起立是低调和高标的统一。这就是成功人士的立身原则。

要学会把自己的姿态摆得比别人低,让自己的心志站得比别人都高。前者是低调做人的训诲,后者是进入高标生存境界的必然。为自己设定高远的目标,严格要求自己,从小处着手,从低处起步,这样一点一滴地做起来,才能使自己走出壮美的人生。高标是成功的必然要求,而低调做人则是规避失败的韬晦手段。所以,高标处世和低调做人并非一对矛盾,而是一脉相承、互为表里、相得益彰的。

低调的人生是一种修养、一种境界、一种风度、一种只有少数人才能有的情怀。以低调入世者,因为具备了人性中最具光辉的人格魅力,而颇能伸缩自如,避重就轻。那张永不骄慢、张扬、卖弄的脸让人感到亲切无比,那种平淡、优雅、从容的举止让人乐与为伍。因此,即使他们一时有难身边也不乏援手。所以,他们的生存之路因为有了这些所以走得游刃有余,光辉灿烂。

孟买佛学院是印度最著名的佛学院之一。这所佛学院之所以著名,除了它的建院历史久远、培养出了许多著名的学者之外,还有一个特点是其他佛学院所没有的。这是一个极其微小的细节,但是,所有进入过这里的人,当他再出来的时候,几乎无一例外地承认,正是这个细节使他们顿悟,正是这个细节让他们受益无穷。

原来孟买佛学院在它的正门一侧,又开了一个小门,这个小门只有一米五高,一个成年人要想过去必须要低头而过,否则就只能碰壁了。

这正是孟买佛学院给它的学生上的第一堂课。所有新来的人,教师都会引导他到这个小门旁,让他进出一次。很显然,所有的人都是低头弯腰进出的,尽管有失礼仪和风度,但是却可以使人有所领悟。教师说,大门当然出入方便,而且能够让一个人很体面很有风度地出入。但是,有很多时候,我们要出入的地方并不都是有着壮观的大门的。这个时候,只有暂时放下尊贵和体面的人,才能够出入。否则,有很多时候,你就只能被挡在院墙之外了。

佛学院的教师告诉他们的学生,佛家的哲学就在这个小门里,人生的哲学也在这个小门里,尤其是通向这个小门的路上,几乎是没有宽阔的大门的，所有的门都是需要弯腰低头才可以进去。

要使自己在人生旅途中一帆风顺，少遇挫折，弯腰、低头是最好的入世方式，对每个人来说这都是一门必不可少的人生功课。而低调做人正是一种必修的人生功课。

无论顺境、逆境，低调一点终归没有害处。倘若你还未学会低头、弯腰通过人生的那道门，碰壁就在所难免。而当你在碰壁了之后才学会弯腰、低头，只怕通过的时候也已错过了最好的境遇。因此，不要等到吃亏了才知道该长一智。

将对方的位置摆得比自己高一点

在工作中，当我们遇到一些不甚严重的矛盾纠葛时，一定要学会"太极功夫"。别人打过来你让一下，随后再顺势不轻不重地送回去，留有余地。如果在这时候"长衫一掼，露出短打"，逞一时匹夫之勇，把事情搞得没有任何回旋余地，其实也是断了自己的后路。这种做法往往还会被其他旁观者视为初出茅庐之举，属于不稳重之流，气数不长。人与人之间的分歧有时甚至不是是非问题、利益问题，而是面子问题。把事情做得极端，不给面子，就如当众打对方一个耳光。这有时甚至比骗别人100万元还要令对方记恨。

在工作上打交道的各色人们，打交道的目的、期望值等也各不相同。人与人之间建立良好的人际关系，还得讲究听"弦外之音"。各怀心机的两个人初次打交道，为了尽可能地避免风险，能否从对方的言语中体察到他的真实想法，便成为一件重要的事。在商场与人交手时，如果对方的态度并没有直接表达出来，而你已将其想法完全掌握，并提前办妥摆平，这就给足了对方面子，你的生意想不顺都不行。

在人与人交往中，学会给别人面子。无论是"太极功夫"也罢，还是善解人意也罢，关键在于战胜自己的虚荣心、面子观念。要做到"我没面子，别人有面子"，而这种处世的实质就是友善处事、真诚待人。

把自己不愿意做的事强加给别人，只能把关系搞僵，所以古话说，"己所不欲，勿施与人。"聪明人在与其他人打交道时不会做这样的傻事。

每个人都难免有些小缺点：一个有进取意志敢冒风险的人，难免处世不周；一个敢于奋争不畏艰难的人，难免自以为是；一个有胆识、行事果断的人，很有可能失之武断，等等。别人看得清楚，自己却往往不会注意，因为人们常有这样的通病——自我意识过强、不能正视自己，这也是人际关系中的头号大敌。

美国心理学家杜拉克曾告诫人们："所谓'全人'，或者所谓'成熟的个性'，事实上忽略了人最特殊的卓越性。因为人仅能在某一个领域，最多也仅能在两三个领域之中达到卓越。在激烈的竞争中，个性越突出，也就越容易遭受挫折。"

有这样一个故事：

一天，师徒两人在山中说禅。

徒弟问："刚好？柔好？"

师傅反问："舌头硬？牙齿硬？"

徒弟答："当然是牙齿。"

师傅张大嘴巴道："我的牙齿都掉光了，但舌头仍在。"

成功人士之所以能成为成功人士，往往先是其独特的思维、超凡的个性，其次才是行动。使他要么从一文不名到资产万贯，要么准确审时度势，搏击商海潮流。而随之而来的强烈的自我意识，往往使他在某种程度上忽视了社会环境的制约因素。他们喜欢把自己的意志强加于人，对别人的忠告却听不进去。这样的人在与其他人交往中，给人留下的印象无非是狂妄自大、孤傲自居、不易相处。

无论是身处逆境的人，还是一帆风顺的人，都应当时刻记住：与人为善，把对方的位置摆得比自己高，满足对方的要求，让他们心满意足，自己也会有所收益。正如在商业战场上与人交手时，总要先给足了对方面子，对方才会给你面子，你的生意也才会顺起来。

不要抢了别人的风头

放低姿态做人，就不要想着抢人风头，反而应该主动把出风头的事情让出来，只有这样才不会让人嫉恨，才能获得他人的善意，自己的好人缘也会因此有所增益。

众所周知，喜欢抢风头的人是被大众所厌恶和唾弃的，这样的人即所谓不识时务，小人之举。虽然爱出风头，从某个角度来说，是积极上进的表现，但是抢占别人的风头，占据别人的功劳，或者说以己之心度他人之意，就不是善举了。在别人还未把心思说出来之前，就把话说了，把事做了，一时自然会得到别人的赞赏，然而长此以往必定会遭到他人的怨恨，因为你会让别人觉得自己像个白痴，任何事情还需要别人代说、代办，别人自然不会喜欢你，因此要摆正自己的位置，做自己分内的事。

吴喜是个文人，曾任河东太守。他在任时秉公执法，性情宽厚，广施仁政，很受人民爱戴，大家都称他"吴河东"。

宋明帝刘彧刚夺得天下，因为是从侄儿刘子业手上抢来的，当时得位不正，所以四方不服，一上台就忙着应付各地造反兵马，搞得焦头烂额。

对付叛军，需要大量的军事人才。对有真本事的人来说，正是个出人头地的好机会。吴喜就是在这种情况下毛遂自荐，而且一出马便立下了大功。

这一次，吴喜向刘彧自荐平乱，刘彧只给了他三百兵马。没想到，吴喜一进入敌人的地盘，当地百姓一听"吴河东"来！都望风归顺。

按道理讲，刘彧刚即位，就得到这样一位有勇有谋的大将，心中应该很高兴才对，其实不然。因为吴喜行事上触犯了刘彧的大忌，不但有功不赏，反而为自己种下了杀机！

问题出在吴喜出征时曾对刘彧说，抓到叛贼，不论首从，一律就地处死。刘彧嘴上不说什么，心中却暗暗叫好，心想正合我意。但吴喜轻易平定了叛乱后，生擒了76个叛将，除了当场斩杀17个首恶外，其余全给赦免了。

在吴喜看来，他完全是一片仁心——对手已经被俘，能不杀就不杀，说不定还能给刘彧多争取一些人才。可是，吴喜能轻易对付战场上的敌人，却摸不清刘彧的脾气。刘彧是中国历史上少见的刻薄寡恩的皇帝之一——专杀对他有功、有恩的人，为人极为残忍无情。

刘彧想的是顺我者未必昌，逆我者肯定亡，你不杀，就违背了我的意志，何况，你未经我同意就赦免战俘，也未免太善于积取人情了，这种人还能留吗？果然，没多久，刘彧就找了个借口，将吴喜赐死了！

每个人都不喜欢他人的光芒盖过自己。就像吴喜，虽然请示过刘彧怎样对待俘虏，得到支持后，以为刘彧就万分信任他了，和他是一边的。虽是出于好意，放了俘虏，为刘彧争取人心，可刘彧却不会这样去想，心想就你小子爱出风头，嘴上说是为我积人心，其实还不是想自己获得名声，要放也得由我刘彧来放啊。

由此可见，别人的风头是抢不得的，不要图一时之快，要知道如此为之，危险正在向你靠近呢！

稻穗越成熟，头垂得越低

从历史的长河来看，不管我们拥有什么、拥有多少、拥有多久，都只不过是拥有极其渺小的瞬间。人誉我谦，又增一美；自夸自败，又增一毁。无论何时何地，我们永远都应保持一颗谦卑的心。

富兰克林是18世纪美国最伟大的科学家，同时又是著名的政治家和文学家。他的一生无论是在自然科学方面，还是在社会科学方面，都有极高的建树，被人称为"美国之父"、资本主义精神最完美的代表、科学的丰碑。然而在他死后，这个"科学的丰碑"的墓碑上只刻着："印刷工富兰克林。"这令人匪夷所思，但这正是他谦逊做人最好体现。

富兰克林年轻时和现在的许多年轻人一样，做人不懂得谦逊。相反的，他是一个才华横溢，骄傲轻狂的人。有一天，富兰克林去拜访一位德高望重的老前辈。来到老前辈的家门口，年轻气盛的他挺胸抬头迈着大步，一进门，他的额头"嘭"地一声被重重地撞在门框上，额头上立刻鼓起一个大包，疼得他一边不住地用手揉搓，一边看着比他的身子稍矮一点的门。出来迎接他的老前辈看到他这副样子，笑笑说："很痛吧！可是，这将是你今天来访问我的最大收获。一个人要想平安无事地活在世上，就必须时刻记住：该低头时就低头。"

富兰克林牢牢记住了老前辈的谆谆教诲，他把这次拜访得到的教导看成是一生最大的收获，并把谦逊列为一生的生活准则之一。富兰克林从这一准则中受益终生，后来，他功勋卓著，成为一代伟人，他在他的一次谈话中说道："这一启发帮了我的大忙。"

越是有成就的人，态度越谦虚、越低调；相反的，只有那些浅薄地自以为有所成就的人才会骄傲。

1860年，林肯作为美国共和党候选人参加总统竞选，他的竞争对手是大富翁道格拉斯。当时，道格拉斯租用了一辆豪华富丽的竞选列车，车后安放了一门礼炮，每到一站，就鸣炮30响，加上乐队奏乐，气派不凡，声势很大。道格拉斯得意洋洋地对大家说："我要让林肯这个乡下佬闻闻我的贵族气味。"

林肯面对这种情形，一点也不在乎，他照样买票乘车，每到一站，就登上朋友们为他准备的耕田用的马拉车，发表了这样的竞选演说："有许多人写信问我有多少财产。其实我只有一个妻子和三个儿子，不过他们都是无价之宝。此外，我还租有一个办公室，室内有办公桌一张，椅子三把，墙角还有一个大书架，书架上的书值得我们每个人一读。我自己既穷又瘦，脸也很长，又不会发福，我实在没有什么可以依靠的，唯一可以信赖的就是你们。"

选举结果大出道格拉斯所料，竟然是林肯获胜，当选为美国总统。

聪明人总是把谦虚与恰当的自我才能有机地结合在一起，并由此而走上通向成功的大道。大智若愚既可以保护自己不受猜忌和伤害，又可以为自己的事业成功创造条件，使自己一鸣惊人。

在任何情况下都要把自己当成泥土，如果老是将自己当成珍珠，就时时有被埋没的痛苦。这也就是说，在适当的时候保持适当的低姿态，绝不是懦弱和畏缩，而是一种聪明的处世之道，是人生的大智慧、大境界。

保持低调姿态做人，在人际交往中也会处处受人欢迎，做起事来别人也愿意帮忙。因为在人际交往的世界里，人们大多喜欢聪明、谦让而豁达的人，讨厌那些妄自尊大、高看自己、小看别人的人，这些愚蠢的人最终会使自己在交往中陷入孤立无援的地步。

当然，我们提倡低调做人，并非要你做"老好人"，"事不关己，高高挂起，明知不对，少说为佳；明哲保身，但求无过"……相反，要求我们在原则面前去掉怯懦的"老好人"性格，摒弃庸俗的作风，成为一名大智大勇、大慈大悲的大写的人。提倡低调做人，也绝不意味着低沉，意味着因循守旧，而是要振奋精神，脚踏实地，干好每一件工作。自豪而不自满，低调而不低沉，这才是正确的态度。

骨气不能无，傲气不能有

做人不可没有骨气，但是绝对不要有傲气。因为骄傲会使人变得无知，现实中总有些傲气十足、自以为是的人，他们不能放低自己，总想显摆自己高人一等，鹤立鸡群，结果反而显得自己目光短浅，犹如井底之蛙，最终往往被现实的井壁碰得焦头烂额。

生活中，人最大的问题，就是骄矜之气盛行。千罪百恶都产生于骄傲自大。骄横自大的人，不肯屈就于人，不能忍让于人。做领导的过于骄横，就不可能正确地指挥下属；做下属的过于骄傲，则难以服从领导的意志；做儿子的过于骄矜，眼里就没有父母，自然就不会孝顺。

骄矜的对立面是谦恭、礼让。要忍耐骄矜之态，就必须不居功自傲，加强自我约束。要常常考虑到自己的问题和错误，虚心地向他人请教学习。在克服骄傲自大方面，古人为我们做出了很好的榜样。

据《战国策》记载：魏文侯太子击在路上碰到了魏文侯的老师田子方，击下车跪拜，田子方不还礼。击大怒说："真不知道是尊贵者可以对人傲慢无礼，还是贫贱者可以对人骄傲？"田子方说："当然是贫贱的人对人可以傲慢，富贵者怎敢对人骄傲无礼？国君对人傲慢会失去政权，大夫对人傲慢会失去领地。只有贫贱者计谋不被别人使用，行为又不合于当权者的意思，不就是穿起鞋子就走吗？到哪里不是贫贱？难道他还会怕贫贱？会怕失去什么吗？"太子见了魏文侯，就把遇到田子方的事说了，魏文侯感叹道："没有田子方，我怎能听到贤人的言论？"

富贵者、当权者自身本来就容易有骄傲之势，看不起地位不如自己的人。但是作为统治者，如果不能礼贤下士，虚心受教，他就可能因为自己的骄矜之气而失去政权，富贵者则可能因此失去自己的财势。

咄咄逼人的处事方式并不是明智的选择，我们不光自己要懂得适当的忍耐，也要善于接受对方提出的委曲求全的请求。对方提出忍耐的请求，表示他有力不从心之处，他需要喘息。如果你非要逼着他硬拼，由于他可能做最后的反击，用尽全力和你拼命，那么即使你能取胜，代价也会相当大。因此，适当的"忍耐"和接受对方的忍耐，可创造"和平"的时间和空间，而你也可以利用这段时间来引导"敌我"态势的转变，维持现状或争取时间做积极的准备，准备再次的较量。就像跳高，离架子很近时，想一下子就跳过去并不容易。后退几步，再加大冲力，成功的希望就更大。

谦恭是东方智慧的精髓。志趣高洁，生性淡泊，方能做到"谦恭"，慎独自律，自控自强，方能体现"谦恭"。总之，生活中，你只有忍住心中的傲气，低下自己的头，深深地躬下身来学习，才能有机会获得更大的成功。

放下身份，路会越走越宽

有家世的人觉得自己的身份很高；有学问的人觉得自己不同凡响；有钱财的人觉得自己不同旁人；有名位、有才华的人，认为自己比较有尊严，并借此抬高自己的身份，而事实上如果依赖这些作为身份，是非常不合时宜的。

有一个大学生，在校时成绩很好，大家对他的期望值也很高，认为他必将有一番了不起的成就。最后他真的有了成就，但不是在政府机关或大公司里有成就，他是卖蚵仔面线卖出了成就。

原来他是在大学毕业后不久，得知家乡附近的夜市有一个摊子要转让，他那时还没找到工作，就向家人借钱，把它顶了下来。因为他对烹饪很有兴趣，便自己当老板，卖起蚵仔面线来。他的大学生身份曾招致很多人不以为然的眼光，但却也为他招徕不少生意。他自己倒从未对自己学非所用及高学低用怀疑过。

要放下身份！这是他的口头禅和座右铭。放下身份，路会越走越宽。

人的身份是一种"自我认同"，这本来并不是什么不好的事，但这种"自我认同"也是一种"自我限制"，也就是说，怀有这种认同感的人常常会想：因为我是这种人，所以我不能去做那种事。而自我认同越强的人，自我限制也越厉害，所以，博士不愿意当基层业务员，高级主管不愿意主动去找下级职员，知识分子不愿意去做没有文化的工作……他们认为，如果那样做，就有损于自己的身份。

其实这种所谓的身份只会让人路越走越窄，你如果想在社会上走出一条路来，那么就要放下身份，也就是：放下你的学历、放下你的家庭背景、放下你的身份，让自己回归到普通人中去。同时，也要不在乎别人的眼光和批评，做你认为值得做的事，走你认为值得走的路。

放下身份的人比放不下身份的人在竞争上多了优势：

能放下身份的人，他的思考富有高度的弹性，不会有刻板的观念，而能吸收各种资讯，形成一个庞大而多样的资讯库，这将是他的本钱。

能放下身份的人就能比别人早一步抓到好机会，也能比别人抓到更多的机会，因为他没有身份的顾虑。

如果你想把事情做成，就得以一种低姿态出现在对方面前，表现得谦虚、平和、朴实、憨厚，甚至愚笨、毕恭毕敬，使对方感到自己受人尊重，比别人聪明。在交往中他就会放松自己的警惕性，觉得自己用不着花费太多精力去对付一个"傻瓜"。即使事情明显有利于你的时候，对方也会不自觉地以一种高姿态来对待你，好像要让着你一样，也就不会与你一争长短了。

其实，你以低姿态出现只是一种表面现象，是为了让对方从心理上感到一种满足，使他愿意合作。实际上，表面上越是谦虚的人，就越是非常聪明的人，越是工作认真的人。当你表现出大智若愚来，使对方陶醉在自我感觉良好的气氛时，你就已经受益匪浅，已经完成了工作中很重要的一部分了。

你谦虚就显得他高大；你朴实和气，他就愿意与你相处；你恭敬顺从，他的指挥欲得到满足，认为与你很合得来；你愚笨，他就愿意帮助你，这种心理状态对你非常有利。相反的，你若以高姿态出现，处处高于对方，咄咄逼人，对方内心里就会感到紧张，而且容易产生逆反心理。

分一半掌声给别人

出了风头后分一半掌声留给别人，是一种很好的处事方式，它既避免了一些无谓的争斗，得以保全自己，又可以功成身退，名声也留在了人们的心中，何乐而不为呢？放低姿态做人是生存的一种手段，是在激烈的斗争中保全自己的方法。这样的人才有做大事的风范；这样的人才会受人尊敬。

有位业务主管这一年的业绩非常突出，年底时，老板在表彰会上特别表扬了他，并在颁发奖金外，额外还给了他一个红包，并请他谈谈心里的感受。

他面对公司所有人说起了自己这一年来如何兢兢业业，如何积累知识，如何提高能力等等，可就是没有提及一句感谢上司对他的信任和重用，还有同事及其下属对他的帮助和合作之类的话。大会一结束，便一溜烟地跑了，也没有邀请同事们庆祝一下。

虽然表面上大家都没有说什么，但从此他的上司就开始了有意的刁难。结果，第二年他的业绩大跌，也没有什么成绩了。

韩先生所在的公司是一家大型的洗涤用品跨国公司。它在中国建有五个分部，这几个分部之间存在着激烈的竞争。韩先生就是分部的经理，为扩大销售量，他前几天刚刚召集员工出谋划策，收效非常好。员工宫先生和左先生根据营销经验研制的一套新营销方案受到了美国老总的赞扬，韩先生非常高兴。

今早上班韩先生早到了近半小时，刚刚步入大厅时，正好听到了有人对话，原来是宫先生在和左先生谈话。

"老兄，上次我们俩研究的新营销方案，真的是一流的工作呢，还只是我们自己的空想？"这是宫先生的声音。

"我们运用自己的营销方案已经见效了，这个星期的销售量不是明显提高了吗？"左先生回答道。

"我敢说这个营销方案是一流的！"宫先生的声音很激动。

"是啊——可你能相信他居然对此只字不提？我知道他要求很高，但他至少应该有点表示啊！"

"他可能不会对我们有什么表示，可我敢打赌，他的老板可是什么都看在眼里——至少对他在中国所在分部出色的管理成就是很清楚的。"宫先生不无讽刺地说。

"他"到底是谁？韩先生自然知道……

这两个故事反映的问题很明确，在交际中、工作中千万不能独占全部掌声，要对自己的合作伙伴给予充分的关心和表扬。这样不仅显得自己大度，还能拉近你与他人的距离，是做人的一种高境界。

让别人也有骄傲的机会

放低姿态，不仅可以是自己主动"委曲求全"，也可以通过拔高别人、突出别人来显出自己的低来，让别人也有骄傲的机会，自然会让自己更受欢迎。

有一位女士，她的女儿从牛津大学毕业回国之后，在德国一家金融机构任职，每月数万欧元薪水。这位女士非常自豪。面对亲朋好友时，她言必称女儿的风光，语必道女儿的薪水。慢慢地，她发现亲朋好友都在疏远她，不愿和她交往、聊天。她非常痛苦。女儿知道这种情况后，就极力劝导母亲，说总夸自己的女儿，突出自家好，人家会有什么感受，当然不会理你了。

女儿的话在情在理。在叙述自我时，要防止大谈自己的得意之事，过分突出自己，切勿使其他人心理失衡，产生不快，以至影响了相互之间的关系。

得意之事少谈，才会受人欢迎。完全不谈得意之事是不现实的，但我们可以少谈，或者先让别人说，你再穿插自己的得意之事，这样双方心理才不会失去平衡，友谊也会更加深厚。

某公司承包了在纽约建立一幢庞大的办公大厦的项目。一切都照原定计划进行得很顺利。大厦接近完成阶段，突然，负责供应大厦内部装饰用铜器的承包商宣称，他无法如期交货。这样的话，整幢大厦都不能如期交工，公司将承受巨额罚金。

长途电话、争执、不愉快的会谈，全都没效果。于是麦克先生奉命前往纽约，当面说服铜器承包商。他没有直奔主题，而是先做了一番准备工作。

"你知道吗？在布鲁克林区，有你这个姓名的，只有你一个人。"麦克先生走进那家公司董事长的办公室之后，立刻就这么说。

董事长很吃惊："不，我并不知道。"

"哦，"麦克先生说，"今天早上，我下了火车之后，就查阅电话簿找你的地址，在布鲁克林的电话簿上，有你这个姓的，只有你一人。"

"我一直不知道，"董事长说，他很有兴趣地查阅电话簿，"嗯，这是一个很不平常的姓，"他骄傲地说。"我这个家族从荷兰移居纽约，几乎有二百年了。"一连好几分钟，他继续说到他的家族及祖先。当他说完之后，麦克先生就恭维他拥有一家很大的工厂，麦克先生说他以前也拜访过许多同一性质的工厂，但跟他这家工厂比起来就差得太多了。

"我花了一生的心血建立这个事业，"董事长说，"我对它感到十分骄傲。你愿不愿意到工厂各处去参观一下？"

在这段参观活动中，麦克先生恭维他的组织制度健全，并告诉他为什么他的工厂看起来比其他的竞争者高级，以及好处在什么地方。麦克先生还对一些不寻常的机器表示赞赏。这位董事长花了不少时间向麦克先生说明那些机器如何操作，以及它们的工作效率多么良好。他坚持请麦克先生吃午饭。

吃完午饭后，董事长说："现在，我们谈谈正事吧。自然，我知道你这次来的目的。我没有想到我们的相会竟是如此愉快。你可以带着我的保证回到费城去。我保证你们所有的材料都将如期运到，即使其他的生意都会因此延误也不在乎。"

麦克先生甚至未开口要求，就得到了他想要的所有东西。那些器材及时运到，大厦就在契约期限届满的那一天完工了。

一句话，让别人有骄傲的机会，不要把风光占尽。这样的话，在交际中才能左右逢源，得心应手。

下篇 低点起步——走得稳，方能行得远